Berichte

des Instituts für Massivbau der Leibniz Universität Hannover
Herausgeber:
Univ.-Prof. Dr.-Ing. Nabil A. Fouad
Leibniz Universität Hannover – Institut für Massivbau
Heft 17, Dezember 2020

Fraunhofer IRB Verlag

Herausgeber
Univ.-Prof. Dr.-Ing. Nabil A. Fouad
Leibniz Universität Hannover
Institut für Massivbau
Appelstraße 9 A
30167 Hannover

ISBN (Print): 978-3-7388-0588-8
ISBN (E-Book): 978-3-7388-0589-5

Fraunhofer IRB Verlag
Fraunhofer-Informationszentrum Raum und Bau IRB
Postfach 80 04 60, 70504 Stuttgart
Telefon 0711 970-2500
Telefax 0711 970-2508
irb@irb.fraunhofer.de
www.baufachinformation.de
Druck: BoD – Books on Demand, Norderstedt

Energetische Schädigungsanalyse von ermüdungsbeanspruchtem Beton

Von der Fakultät für Bauingenieurwesen und Geodäsie
der Gottfried Wilhelm Leibniz Universität Hannover

zur Erlangung des Grades

Doktor-Ingenieur

(Dr.-Ing.)

genehmigte Dissertation von

Dipl.-Ing. Matthias Bode

2020

Referent:	Prof. Dr.-Ing. Steffen Marx
Korreferent:	Prof. Dr.-Ing. habil. Peter Mark
Kommissionsmitglied:	Prof. Dr.-Ing. Michael Haist
Vorsitz:	Prof. Dr.-Ing. Martin Achmus

Tag der Promotion: 7.10.2020

Kurzfassung

Aufgrund von zunehmend schlankeren Bauwerken nimmt der dynamische Beanspruchungsanteil gegenüber dem Anteil der ständigen Beanspruchungen bei Brückenbauwerken und Windenergieanlagen zu. Daraus ergibt sich ein großer Forschungsbedarf im Bereich der Betonermüdung.

Im Rahmen dieser Arbeit werden kraftgeregelte Druckschwellversuche energetisch ausgewertet. Aus den Spannungs-Dehnungslinien lassen sich dabei neben einem elastischen und plastischen Energieanteil ebenfalls die Dissipationsenergiewerte bestimmen. Diese Dissipationsenergie ist wiederum für die Erwärmung der Probekörper infolge der zyklisch-mechanischen Beanspruchung verantwortlich. Auf Basis der festgestellten Korrelation zwischen der Probekörpererwärmung und der Schädigungsentwicklung werden die Hypothesen, die einen Zusammenhang zwischen der Dissipationsenergie und der Rissanzahl sowie der Rissgröße im Probekörper beschreiben, untersucht.

Es zeigt sich, dass sich die Verläufe der mit jedem Lastwechsel dissipierten Energie analog zu den bereits bekannten Verläufen anderer Messparameter und Schädigungsindikatoren in drei Phasen aufteilen lassen. Ein direkter quantitativer Zusammenhang zwischen dem Schädigungsgrad und der Dissipationsenergie je Lastwechsel ist hingegen nicht erkennbar. Aus der Auswertung der bis zum Versagen eines Probekörpers kumulierten Dissipationsenergie resultiert hingegen ein funktionaler Zusammenhang zur jeweiligen Bruchlastwechselzahl. Sämtliche Auswertungspunkte, die durch die Bruchlastwechselzahlen und den bis zum jeweiligen Versagen kumulierten Dissipationsenergiewerten beschrieben werden, liegen auf einer Kurve. Diese lässt sich durch eine Potenzfunktion beschreiben und wird als Versagenskurve bezeichnet. Die Gültigkeit der Versagenskurven wird durch die Auswertung weiterer Versuchsserien validiert. Dabei ergeben sich aus der Form der Versagenskurve Rückschlüsse auf das Ermüdungsverhalten der Versuchsserie.

Aufbauend auf den Versagenskurven wird in dieser Arbeit ein neuer Schädigungsparameter eingeführt und ein neues Schädigungsmodell beschrieben. Der Schädigungsparameter ergibt sich aus dem relativen Abstand zwischen der kumulierten Dissipationsenergie des Probekörpers und der Versagenskurve der Versuchsserie. Sobald die Werte übereinstimmen, tritt das Versagen des Probekörpers ein. Aus den Auswertungen ergeben sich plausible dreiphasige Verläufe des Schädigungsparameters über die Versuchslaufzeit. Durch Modellerweiterungen kann das Modell sowohl für Einstufenversuche mit festgelegten Spannungsniveaus als auch für mehrstufige Versuche mit abnehmenden oder ansteigenden Oberspannungsniveaus verwendet werden.

Schlagwörter: Betonermüdung, Dissipationsenergie, Schädigungsmodell, Erwärmung, Rissentwicklung

Abstract

The increase in dynamic loads compared to the permanent loads of bridge structures and wind energy towers leads to great needs of research regarding the fatigue of concrete.

Within this dissertation, force-controlled cyclic compression tests are analysed energetically. By analysing the stress-strain curve, the elastic and plastic proportions as well as the dissipation energy are obtained. This dissipation energy is responsible for the increase in temperature of the concrete specimens as a result of the cyclic loading. Due to the found correlation between the increase in temperature and the development of the damage, two hypotheses are formulated and analysed. These hypotheses describe a correlation between the dissipated energy per load cycle and the amount and sizes of the micro cracks.

The course of the dissipated energy per load cycle can be divided in three phases which are already known from other measured parameters and damage indicators. However, a quantitative correlation between the degree of damage and the value of the dissipation energy per load cycle could not be found. Instead, further analysis shows such a correlation between the cumulative dissipation energy and the number of load cycles to failure. All measurement points consisting of the cumulative dissipation energies of the specimens at the time of their failure and of the corresponding numbers of load cycles to failure are located on a curve. This curve can be described by a power function and is named line of failure. The validity of these curves is shown by analysing different other test series. With the resulting lines of failure conclusions regarding the different fatigue performances of the test series can be drawn.

Finally, a damage parameter and a damage model for analysing the degree of damage are developed by using the lines of failure. Thereby, the degree of damage is described by the relative difference between the cumulative dissipation energy of a specimen and the value of the line of failure from the test series for the specific number of load cycles. If these values are equal, the specimen will fail. The detailed analysis shows plausible curves for the degree of damage throughout the testing time with the known three phases. With the additional developed modifications the model can also be used for multi-level fatigue tests with decreasing or increasing stress levels.

Keywords: fatigue of concrete, dissipation energy, damage model, heat generation, crack development

Vorwort

Die vorliegende Arbeit entstand während meiner Tätigkeit als wissenschaftlicher Mitarbeiter am Institut für Massivbau der Leibniz Universität Hannover.

Ein großer Dank gilt Herrn Prof. Dr.-Ing. Steffen Marx für das mir entgegengebrachte Vertrauen sowie das Bestärken in meiner Motivation zu promovieren. Die gemeinsamen fachlichen Diskussionen haben stets zum Fortschritt dieser Arbeit beigetragen.

Ebenso bedanke ich mich bei Herrn Prof. Dr.-Ing. habil. Peter Mark für das Interesse an meiner Arbeit und für die Übernahme des Korreferats. Auch Herrn Prof. Dr.-Ing. Michael Haist danke ich für sein Interesse sowie für seine Tätigkeit als Kommissionsmitglied. Herrn Prof. Dr.-Ing. Martin Achmus danke ich für die Übernahme des Prüfungsvorsitzes.

Meine Kolleginnen und Kollegen am Institut waren dafür verantwortlich, dass ich mich dort sehr wohl gefühlt habe. Für die damit verbundene angenehme Arbeitsatmosphäre bedanke ich mich. Besonderer Dank gilt dabei Steffen Hartwig, Katarzyna Zdanowicz, Chongjie Kang, Daniel Gebauer, Dennis Birkner und Sebastian Schneider, die durch gewonnene Freundschaften, gemeinsame Erlebnisse und zahlreiche Diskussionen meine Zeit am Institut entscheidend geprägt haben.

Für die Hilfestellungen bei der Umsetzung der experimentellen Untersuchungen danke ich René Wallschläger, Ernst Heine, Olaf Menze und Hendrik Baumann.

Auf die Unterstützung meiner Eltern konnte und kann ich mich stets verlassen. Dafür und für die Bestärkung hinsichtlich des Anstrebens der Promotion danke ich ihnen sehr.

Mein besonderer Dank gilt meiner Frau Anja. Ich danke ihr dafür, dass sie diesen Weg mit mir gemeinsam gegangen ist.

Hannover, im Oktober 2020 Matthias Bode

Inhaltsverzeichnis

Kurzfassung I
Abstract III
Vorwort V
Inhaltsverzeichnis VII
Symbol- und Abkürzungsverzeichnis IX
1 Einleitung 1
1.1 Motivation 1
1.2 Zielstellung 2
1.3 Aufbau der Arbeit 3
2 Stand der Forschung 5
2.1 Betonermüdung 5
2.1.1 Experimentelles Vorgehen 5
2.1.2 Mehrstufenversuche 7
2.1.3 Schädigungsprozesse 9
2.1.3.1 Vorbemerkung 9
2.1.3.2 Rissentwicklung 10
2.1.3.3 Verformungs- und Degradationsverhalten 13
2.1.4 Probekörpererwärmung 20
2.2 Energetische Betrachtung des Materialverhaltens 23
2.3 Dissipationsenergie 25
2.3.1 Energetische Beschreibung 25
2.3.2 Dämpfungsverhalten von Beton 26
2.3.3 Bisherige Auswertungen der Dissipationsenergie 30
2.3.4 Energetische Schädigungsmodelle 34
2.4 Reibung von Beton 38
3 Eigene Voruntersuchungen 41
3.1 Beschreibung der experimentellen Untersuchungen 41
3.1.1 Versuchskonzept 41
3.1.2 Resultierende Bruchlastwechselzahlen 43
3.2 Korrelation zwischen der Probekörpererwärmung und dem Schädigungsprozess 45

3.3 Energetische Auswertung ... 49
4 Hypothesen ... 53
5 Dissipationsenergie als Schädigungsindikator ... 57
5.1 Vorbemerkung ... 57
5.2 Ermittlung der Dissipationsenergie ... 57
5.3 Dissipationsenergie je Lastwechsel ... 61
5.4 Probekörpererwärmung infolge der Energiedissipation ... 64
5.5 Bewertung der Hypothesen ... 67
6 Auswertung der kumulierten Dissipationsenergie ... 71
6.1 Auswertung der Versuchsserien ZA ... 71
6.2 Auswertung von zusätzlichen Versuchsserien ... 76
6.3 Zusammenfassung der Auswertungsergebnisse ... 87
7 Schädigungsmodell ... 89
7.1 Einstufenversuche ... 89
7.2 Mehrstufenversuche ... 97
7.2.1 Allgemeines ... 97
7.2.2 Abnehmende Oberspannungsniveaus ... 98
7.2.3 Ansteigende Oberspannungsniveaus ... 104
7.3 Anwendbarkeit bei weiteren sich verändernden Versuchsrandbedingungen ... 115
8 Vergleich mit bisherigen Schädigungsmodellen ... 117
9 Zusammenfassung und Ausblick ... 119
9.1 Zusammenfassung ... 119
9.2 Ausblick ... 122
Literaturverzeichnis ... 124
Abbildungsverzeichnis ... 130
Tabellenverzeichnis ... 137
Anhang ... 139

Symbol- und Abkürzungsverzeichnis

Griechische Buchstaben

ε_{cr}	Viskoser Dehnungsanteil
ε_{d}	Schädigungsinduzierter Dehnungsanteil
ε_{el}	Elastischer Dehnungsanteil
ε_{O}	Maximale Probekörperstauchung während eines Lastwechsels
ε_{t}	Temperaturdehnungsanteil
μ	Reibbeiwert
σ_{A}	Spannungsamplitude im Ermüdungsversuch
σ_{G}	Grundspannung, um eine vollständige Entlastung des Probekörpers zu vermeiden
σ_{M}	Mittelspannung im Ermüdungsversuch
σ_{N}	Orthogonal zum Rissufer wirkende Normalspannung
σ_{O}	Oberspannung im Ermüdungsversuch
σ_{U}	Unterspannung im Ermüdungsversuch
$\Delta\sigma$	Spannungsschwingbreite im Ermüdungsversuch

Große lateinische Buchstaben

A_{riss}	Flächeninhalt eines Rissufers
ΣA_{Riss}	Summe der Flächen aller Rissufer eines Probekörpers
D	Schädigungsparameter
D_{I}	Schädigungsparameter eines Versuchsabschnitts
D_{1}	Schädigungsanteil infolge der Beanspruchung auf Oberspannungsniveau 1
D_{2}	Schädigungsanteil infolge der Beanspruchung auf Oberspannungsniveau 2
D_{3}	Schädigungsanteil infolge der Beanspruchung auf Oberspannungsniveau 3
E	Elastizitätsmodul
E_{el}	Elastische Energie

E_{pl}	Plastische Energie
$E_{pl,m}$	Mittelwert der plastischen Energie eines Probekörpers
E_{Reib}	Reibungsenergie
E_{δ}	Dissipationsenergie je Lastwechsel
$E_{\delta,i}$	Anteil der Dissipationsenergie je Lastwechsel, der den auf dem jeweiligen Oberspannungsniveau entstandenen Rissen zugeordnet wird
$E_{\delta,Start}$	Dissipationsenergie je Lastwechsel zu Versuchsbeginn
$E_{\delta,vorh}$	Vorhandene Dissipationsenergie je Lastwechsel (ohne Aufteilung auf einzelne Oberspannungsniveaus)
ΔE	Energieänderung
ΔE_{pl}	Zusätzliche plastische Energie eines Lastwechsels
ΣE_{δ}	Kumulierte Dissipationsenergie
$\Sigma E_{\delta,i}$	Anteil der kumulierten Dissipationsenergie, der den auf dem jeweiligen Oberspannungsniveau entstandenen Rissen zugeordnet wird
$\Sigma E_{\delta,Vers}$	Wert der kumulierten Dissipationsenergie auf der Versagenskurve
$\Sigma E_{\delta,vorh}$	Werte der kumulierten Dissipationsenergie des betrachteten Probekörpers
F	Kraft
$F_{Bel}(\Delta l)$	Kraftwert während der Belastung
$F_{Entl}(\Delta l)$	Kraftwert während der Entlastung
F_N	Orthogonal zur Rissfläche wirkende Kraft
F_R	Reibkraft
$F_{R,So}$	Reibkraft parallel zum Rissufer während der maximalen Beanspruchung eines Lastzyklus
$F_{R,Su}$	Reibkraft parallel zum Rissufer während der minimalen Beanspruchung eines Lastzyklus
N	Lastwechselzahl
N_i	Lastwechselzahl eines Versuchsabschnitts
N_f	Bruchlastwechselzahl
$N_{f,i}$	Bruchlastwechselzahl für das jeweilige Spannungsniveau eines Versuchsabschnitts

N_{Gr}	Grenzlastwechselzahl
N_{W1}	Lastwechselzahl bei der ersten Anpassung des Oberspannungsniveaus
N_{W2}	Lastwechselzahl bei der zweiten Anpassung des Oberspannungsniveaus
N^*	Angepasste Lastwechselzahl für die Erweiterung des Schädigungsmodells
N/N_f	Auf die Bruchlastwechselzahl N_f bezogene relative Lastwechselzahl
R	Spannungsverhältnis im Ermüdungsversuch
S_O	Auf die statische Referenzfestigkeit bezogene Oberspannung im Ermüdungsversuch
S_U	Auf die statische Referenzfestigkeit bezogene Unterspannung im Ermüdungsversuch
ΔT	Zeitlicher Temperaturunterschied
ΔT_M	Zeitlicher Temperaturunterschied im Probekörperkern, in mittlerer Höhe
ΔT_O	Zeitlicher Temperaturunterschied im Probekörperkern, 5 cm oberhalb der mittleren Höhe
ΔT_U	Zeitlicher Temperaturunterschied im Probekörperkern, 5 cm unterhalb der mittleren Höhe
ΔT_{Mitte}	Zeitlicher Temperaturunterschied auf der Probekörperoberfläche, in mittlerer Höhe
ΔT_{oben}	Zeitlicher Temperaturunterschied auf der Probekörperoberfläche, 1 cm unterhalb der oberen Zylinderfläche
ΔT_{sim}	Temperaturunterschied zwischen der gemessenen und der numerisch ermittelten maximalen Probekörpertemperatur
ΔT_{unten}	Zeitlicher Temperaturunterschied auf der Probekörperoberfläche, 1 cm oberhalb der unteren Zylinderfläche
$\Delta T_{0\text{-}1000}$	Zeitlicher Temperaturunterschied während der ersten N = 1.000 Lastwechsel
W_{mech}	Mechanische Arbeit

Kleine lateinische Buchstaben

a	Koeffizient der Potenzfunktion einer Versagenskurve
b	Exponent der Potenzfunktion einer Versagenskurve
c	Spezifische Wärmekapazität
d_B	Bohrlochdurchmesser
d_G	Größtkorndurchmesser der Gesteinskörnung
f_p	Prüffrequenz
f_{mess}	Messfrequenz
$f_{c,i}$	Individuelle Druckfestigkeit eines Probekörpers
$f_{cm,28d}$	Mittelwert der Druckfestigkeit nach 28 Tagen
$f_{cm,140d}$	Mittelwert der Druckfestigkeit nach 140 Tagen
f_{ref}	Referenzfestigkeit zur Ermittlung der Spannungsniveaus σ_U und σ_O
Δl	Probekörperverformung
$\Delta l_{min,i}$	Minimale Probekörperverformung während eines Lastwechsels
$\Delta l_{s,i}$	Probekörperverformung beim Schnittpunkt der Be- und Entlastungskurve eines Lastwechsels
m	Masse
$s_{fc,28d}$	Standardabweichung der Einzelwerte bei der Ermittlung der Druckfestigkeit nach 28 Tagen
$s_{fc,140d}$	Standardabweichung der Einzelwerte bei der Ermittlung der Druckfestigkeit nach 140 Tagen
Δs	Relativverschiebung der Rissufer
t	Versuchsdauer
v_f	Ultraschallgeschwindigkeit zwischen Sender und Empfänger

Abkürzungen

LW	Lastwechsel
PK	Probekörper
w/z-Wert	Wasser-Zementwert

1 Einleitung

1.1 Motivation

Auch im Stahlbeton- und Spannbetonbau geht der Trend durch stetige konstruktive und baustofftechnische Weiterentwicklungen hin zu immer schlankeren und filigraneren Bauwerken. Darüber hinaus treten neben den Verkehrslasten im Brückenbau insbesondere bei Windenergieanlagen verstärkt veränderliche Beanspruchungen mit einer hohen Anzahl an Lastwiederholungen auf. Dadurch ergibt sich bei diesen Bauwerken eine Erhöhung des dynamischen Beanspruchungsanteils gegenüber dem Anteil der ständigen Beanspruchungen.

In verschiedenen Untersuchungen konnte gezeigt werden, dass es im Beton und auch bei anderen Materialien zu Schädigungs- und Deformationsprozessen infolge zyklisch-mechanischer Beanspruchungen unterhalb ihrer Materialfestigkeit kommt. Dieses Verhalten wird als Ermüdung bezeichnet (Marx et al. 2017). Auch wenn es bisher keine nennenswerten Ermüdungsschäden an Betonstrukturen infolge realer Einwirkungen gibt, sind die Ermüdungsnachweise des Betons insbesondere bei der Bemessung von Windenergieanlagen häufig maßgebend. Entsprechend hat die Betonermüdung einen Einfluss auf die Wirtschaftlichkeit zahlreicher Windenergieanlagen. Unter anderem aufgrund des spröden Materialverhaltens von hoch- sowie ultrahochfesten Betonen schreiben die Zulassungen und Bemessungsnormen umfassende Sicherheitsbeiwerte vor. Grundlegendes Ziel von Forschungsarbeiten bezüglich der Materialermüdung von Beton ist es daher, dessen Degradationsverhalten infolge der zyklisch-mechanischen Beanspruchungen besser beschreiben zu können. Dadurch soll mittelfristig eine weniger konservative Bemessung der entsprechenden Bauteile und Bauwerke ermöglicht werden.

Da beispielsweise Windenergieanlagen während ihrer Nutzungsdauer bis zu 10^9 Lastzyklen ausgesetzt sind (Grünberg & Göhlmann 2013), müssen aus Gründen der Versuchszeit- und Kostenoptimierung bei der versuchstechnischen Umsetzung von Ermüdungsuntersuchungen an Betonprobekörpern verschiedene, von der realen Beanspruchungssituation abweichende, Anpassungen getroffen werden. Dabei handelt es sich neben den Beanspruchungsgrößen auch um die Beanspruchungsgeschwindigkeiten. Um Probekörper mit einer möglichst hohen Lastwechselzahl innerhalb von vertretbaren Versuchszeiträumen zu beanspruchen, müssen die Prüffrequenzen gegenüber den realen Beanspruchungsfrequenzen deutlich erhöht werden, obwohl dies einen nachgewiesenen Einfluss auf das Ermüdungsverhalten von Beton hat (Schneider et al. 2012).

Somit ergeben sich prüftechnische Einflüsse, die jedoch nicht verhindert werden können. Stattdessen ist es das Ziel zahlreicher aktueller Forschungsarbeiten, die prüftechnischen Einflüsse zu erfassen, um sie in der Bewertung von Ermüdungsversuchen berücksichtigen zu können. Eine Folge aus den erhöhten

Prüffrequenzen und Spannungsgrößen ist eine Erwärmung der Probekörper infolge der wiederkehrenden mechanischen Beanspruchung, die wiederum ebenfalls einen Einfluss auf den Ermüdungswiderstand hat (Schneider & Marx 2019). In einer vorangegangenen Veröffentlichung konnte bereits ein Zusammenhang zwischen der Probekörpererwärmung und der Schädigungsentwicklung bei Ermüdungsuntersuchungen an Betonprobekörpern aufgezeigt werden (Bode & Marx 2019a).

Im Rahmen dieser Arbeit wird jedoch nicht die Auswirkung der erhöhten Probekörpertemperatur, sondern die Ursache der Probekörpererwärmung analysiert. Für die beobachteten Temperaturerhöhungen von bis zu $\Delta T = 50$ K (von der Haar et al. 2016) infolge der zyklischen Beanspruchungen müssen beachtliche Energieumwandlungen innerhalb des Probekörpers stattfinden. Dabei lassen sich die verschiedenen Energieanteile infolge der zyklischen Beanspruchung eines Ermüdungsversuchs direkt aus den Kraft- und Verformungsmessungen bestimmen und analysieren. Auch der für die Probekörpererwärmung verantwortliche Energieanteil lässt sich auf diesem Wege bestimmen.

Neben der Größe des offensichtlich in thermische Energie umgewandelten Energieanteils besteht ein weiterer Vorteil dieses Energieanteils darin, dass er für jeden Lastwechsel neu bestimmt werden kann. Somit ergibt sich insbesondere bei Versuchen mit vielen Lastwechseln eine große Anzahl an Werten, wodurch messtechnische Ungenauigkeiten oder materialbedingte Schwankungen ausgeglichen werden. Für die im folgenden Kapitel beschriebene Zielstellung bildet der in thermische Energie umgewandelte Energieanteil entsprechend die Grundlage.

1.2 Zielstellung

Neben der detaillierten Auswertung der Energiegrößen von druckschwellbeanspruchten Betonprobekörpern sollen auf Grundlage dieser Größen Rückschlüsse auf innere Prozesse im Probekörper gezogen werden. Insbesondere für die Energieumwandlung in thermische Energie müssen umfangreiche Prozesse auf der Mikro- und der Mesoebene des Betons stattfinden. Im Rahmen von experimentellen Untersuchungen sollen durch einen Vergleich mit anderen Messgrößen und Schädigungsparametern Rückschlüsse durch die Energiegrößen auf das Schädigungsverhalten von Betonprobekörpern gezogen werden. Anhand der zusätzlichen Auswertung vorhandener Messdaten vergangener Versuchsserien sollen die gefundenen Zusammenhänge validiert werden.

Auf Grundlage der validierten Zusammenhänge soll wiederum ein Schädigungsmodell entwickelt werden, mit dem sowohl der aktuelle Schädigungszustand während eines Versuchs als auch der qualitative Schädigungsverlauf über die Versuchslaufzeit beschrieben werden kann. Als Eingangsgröße sollen dabei die aus den Kraft- und Verformungsdaten beschriebenen Energieanteile und dabei insbesondere der in thermische Energie umgewandelte Anteil dienen. Im Gegensatz zu bestehenden energetischen Schädigungsmodellen wird dabei die Energiegröße als Folge und nicht als Ursache der inneren Schädigungsprozesse angesehen.

Abschließend gilt es, die Eignung sowie die Anwendungsgrenzen des entwickelten Modells zu untersuchen und zu bewerten.

1.3 Aufbau der Arbeit

Zu Beginn der Arbeit werden in Kapitel 2 die Grundlagen der Betonermüdung erläutert und das experimentelle Vorgehen im Rahmen einer Literaturrecherche beschrieben. Dabei wird der Fokus dieser Arbeit auf die Druckschwellbeanspruchung der Betonprobekörper und deren Auswirkungen gelegt. Die mit den zyklischen Beanspruchungen einhergehenden Schädigungsprozesse werden sowohl auf der Makroebene als auch auf der Mesoebene erläutert. Ein Schwerpunkt wird dabei auf die Beschreibung und Analyse von Verläufen verschiedener Messparameter und Schädigungsindikatoren gelegt, welche in der Regel in der Makroebene ermittelt werden, jedoch aus Prozessen und Veränderungen in der Meso- sowie Mikroebene resultieren. Weiterhin werden Untersuchungen bezüglich der Probekörpererwärmung infolge zyklisch-mechanischer Beanspruchungen zusammengefasst. Daran anschließend wird das Materialverhalten von ermüdungsbeanspruchten Probekörpern energetisch beschrieben. Die zusammengefassten Auswertungen aus der Literatur basieren jeweils auf den Spannungs-Dehnungslinien der beanspruchten Probekörper. Schwerpunktmäßig werden dabei das Dämpfungsverhalten von Probekörpern, Auswertungen hinsichtlich der Dissipationsenergie sowie bisherige energetische Schädigungsmodelle erläutert. Abgeschlossen wird das Kapitel 2 mit der Zusammenfassung verschiedener Reibversuche an Betonoberflächen aus der Literatur. Diese dienen als Grundlage für die spätere Bewertung des Zusammenhangs zwischen inneren Reibprozessen im Probekörper und der Energiedissipation.

Eigene experimentelle Untersuchungen in Kapitel 3 bilden die Basis für die Auswertungen und Modellüberlegungen dieser Arbeit. Zunächst wird in diesem Kapitel das Versuchskonzept beschrieben und die resultierenden Bruchlastwechselzahlen analysiert. Anhand der Auswertung der Probekörpertemperatur wird dann die Korrelation zwischen der Probekörpererwärmung und der Schädigungsentwicklung der druckschwellbeanspruchten Probekörper aufgezeigt. Zusammen mit der anschließenden energetischen Auswertung der Ermüdungsversuche resultieren daraus die in Kapitel 4 aufgestellten Hypothesen.

In Kapitel 5 werden die mit jedem Lastwechsel dissipierten Energiegrößen detailliert ausgewertet und analysiert. Es wird überprüft, inwieweit sich die mit jedem Lastwechsel dissipierte Energie als Schädigungsindikator für Ermüdungsversuche eignet.

Darauffolgend wird im Kapitel 6 die dissipierte Energie eines Probekörpers kumuliert betrachtet und analysiert. Die sich ergebenden Zusammenhänge mit den Bruchlastwechselzahlen werden formuliert und anhand von Auswertungen zusätzlicher Versuchsserien validiert. Basierend auf den gefundenen Zusammenhängen wird in Kapitel 7 ein Schädigungsindikator eingeführt. Mit dem Schädigungsindikator wird ein Schädigungsmodell für druckschwellbeanspruchte Einstufenversuche formuliert und angewendet. Anschließend wird dieses Modell auch für Beanspruchungen mit abnehmenden Beanspruchungsniveaus angewendet. Für Beanspruchungen mit ansteigenden Beanspruchungsniveaus wird eine Modellerweiterung vorgestellt. Eine erste Validierung dieser Modellerweiterung wird ebenfalls im Rahmen dieser Arbeit durchgeführt.

Ein Vergleich des zuvor entwickelten Schädigungsmodells mit den vorhandenen energetischen Schädigungsmodellen der Betonermüdung wird in Kapitel 8 vorgenommen.

Abschließend werden die Ergebnisse dieser Arbeit zusammengefasst und ein Ausblick hinsichtlich des weiteren Forschungsbedarfs sowie der Möglichkeiten zur Weiterentwicklung des vorgestellten Schädigungsmodells gegeben.

2 Stand der Forschung

2.1 Betonermüdung

2.1.1 Experimentelles Vorgehen

Betonermüdung beschreibt das Materialverhalten des Werkstoffs Beton infolge wechselnder Beanspruchungen mit Spannungswerten unterhalb der statischen Festigkeitswerte. Im Rahmen von Ermüdungsversuchen wird die Widerstandsfähigkeit des Betons gegenüber zyklischen Beanspruchungen untersucht. Dabei werden Probekörper oder Bauteile im Gegensatz zu Versuchen mit monoton steigender Beanspruchung einer zeitabhängigen Belastungsfunktion mit mehreren Lastwechseln ausgesetzt. Unterschieden wird bei den zyklischen Versuchen analog zu Versuchen mit monoton steigender Beanspruchung zwischen verformungsgeregelten und kraftgeregelten Versuchen. Während bei verformungsgeregelten Ermüdungsversuchen die aufgebrachten Verformungen mit steigender Lastwechselzahl definiert zunehmen, oszillieren die Belastungsfunktionen bei kraftgeregelten Versuchen zwischen einer festgesetzten Oberspannung σ_O und einer festgesetzten Unterspannung σ_U. Der Abstand zwischen der Ober- und der Unterspannung wird als Spannungsschwingbreite $\Delta\sigma$ bezeichnet. Die Spannungsamplitude σ_A beschreibt den Abstand zwischen der Ober- bzw. der Unterspannung und der Mittelspannung σ_M und ist somit halb so groß wie die Spannungsschwingbreite $\Delta\sigma$. In der Regel werden, wie in Abbildung 2.1 dargestellt, sinusförmige Belastungsfunktionen verwendet.

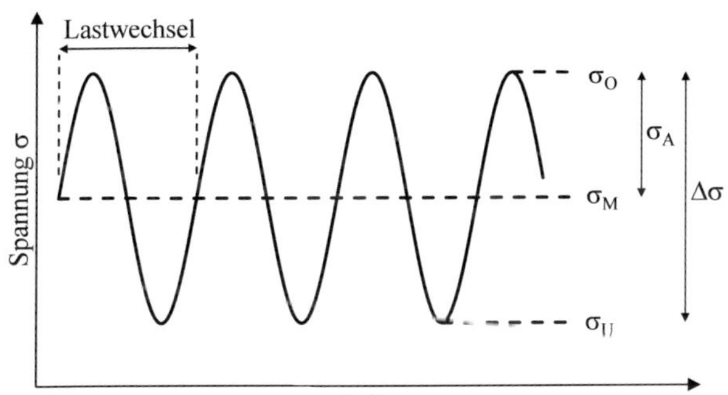

Abbildung 2.1: Parameter eines kraftgeregelten Ermüdungsversuchs, nach (DIN 50100)

Zur Vergleichbarkeit der Versuche mit unterschiedlichen Betonfestigkeiten werden die auf die Referenzfestigkeit f_{ref} bezogenen Spannungsniveaus S_U und

S_O verwendet. Bei der Referenzfestigkeit f_{ref} handelt es sich um den Mittelwert der an mehreren Probekörpern unter monoton steigender Beanspruchung ermittelten Materialfestigkeit.

$$S_U = \frac{\sigma_U}{f_{ref}} \qquad \text{Gl. 2.1}$$

$$S_O = \frac{\sigma_O}{f_{ref}} \qquad \text{Gl. 2.2}$$

Des Weiteren wird bei Ermüdungsversuchen zwischen Druckschwellversuchen, Zugschwellversuchen und Versuchen mit Wechselbeanspruchung unterschieden. Während bei Druckschwellversuchen die gesamte Belastungsfunktion im Druckspannungsbereich liegt, ergeben sich aus der Belastungsfunktion von Zugschwellversuchen ausschließlich Zugspannungen. Bei Wechselbeanspruchungen oszilliert die Belastungsfunktion zwischen einem Zugspannungs- und einem Druckspannungsniveau.

Häufig werden die Untersuchungen als sogenannte Wöhlerversuche durchgeführt. Dabei handelt es sich um Einstufenversuche, bei denen die Unterspannung σ_U sowie die Oberspannung σ_O über die Versuchsdauer nicht verändert werden. Der Versuch endet mit dem Versagen oder nach Erreichen einer vorgegebenen Grenzlastwechselzahl N_{Gr}. Die Lastwechselzahl, die ein Probekörper bis zum Versagen erreicht hat, wird als Bruchlastwechselzahl N_f bezeichnet. In der Wöhlerdarstellung wird jeder Versuch in einem Diagramm mit der ermittelten Bruchlastwechselzahl N_f als Abszisse und der verwendeten bezogenen Oberspannung S_O als Ordinate dargestellt. Von der Unterspannung abhängige Wöhlerlinien sind unter anderem im Model Code 2010 (fib 2013), im Model Code 1990 (CEB 1993) und in der DIN EN 1992-2 (DIN EN 1992-2) dargestellt.

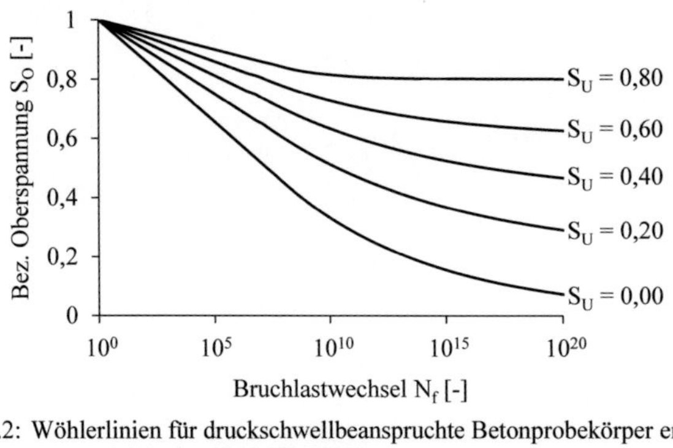

Abbildung 2.2: Wöhlerlinien für druckschwellbeanspruchte Betonprobekörper entsprechend des Model Codes 2010 (fib 2013)

In Abhängigkeit von der Bruchlastwechselzahl N_f werden Ermüdungsversuche in verschiedene Bereiche unterteilt. Nach (Hsu 1981) wird für Bruchlastwechselzahlen $N_f < 10^3$ der Low-Cycle Fatigue Bereich und für Bruchlastwechselzahlen $10^3 < N_f < 10^7$ der High-Cycle Fatigue Bereich definiert. Für Ermüdungsversuche mit Bruchlastwechselzahlen von $N_f > 10^7$ ergibt sich der Very-High-Cycle Fatigue Bereich.

Durch die Prüffrequenz f_p wird festgelegt, wie viele Lastwechsel pro Zeitintervall auf den Probekörper wirken. Dabei ist zu beachten, dass aus Zeit- und Kostengründen insbesondere bei Untersuchungen auf einem geringen Beanspruchungsniveau hohe Prüffrequenzen verwendet werden, obwohl zahlreiche Untersuchungen einen Einfluss der Prüffrequenz f_p auf das Ermüdungsverhalten zeigen ((Holmen 1979), (Oneschkow 2016a), (Schneider & Marx 2018)).

2.1.2 Mehrstufenversuche

Versuche mit variierenden Spannungsniveaus werden als Mehrstufenversuche bezeichnet. Mithilfe der Schädigungsakkumulationshypothese von *Palmgren* und *Miner* ((Palmgren 1924), (Miner 1945)) werden die Schädigungen der Versuchsabschnitte auf den verschiedenen Spannungsniveaus akkumuliert. Die Einzelschädigungen D_i werden über das Verhältnis der aufgebrachten Lastwechselzahl N_i zur Bruchlastwechselzahl $N_{f,i}$ des jeweiligen Spannungsniveaus ermittelt. Nach dieser, in Gleichung 2.3 beschriebenen, linearen Schädigungsakkumulationshypothese tritt das Versagen ein, wenn die Gesamtschädigung D den Wert 1,0 erreicht.

$$D = \sum_{i=1}^{n} D_i = \sum_{i=1}^{n} \frac{N_i}{N_{f,i}} \leq 1{,}0 \qquad \text{Gl. 2.3}$$

Zahlreiche Untersuchungen haben jedoch belegt, dass die Schädigungsakkumulationshypothese von *Palmgren* und *Miner* für die Ermüdungsbeanspruchung von Beton häufig nicht zutrifft und die Probekörper bei einer deutlich vom Wert D = 1,0 abweichenden akkumulierten Schädigung versagen ((Hilsdorf & Kesler 1966), (Holmen 1979), (Klausen 1978), (Oh 1991), (Zhao et al. 1996)). Untersucht wurde auch der Einfluss zunehmender (Abbildung 2.3) und abnehmender (Abbildung 2.4) Spannungen.

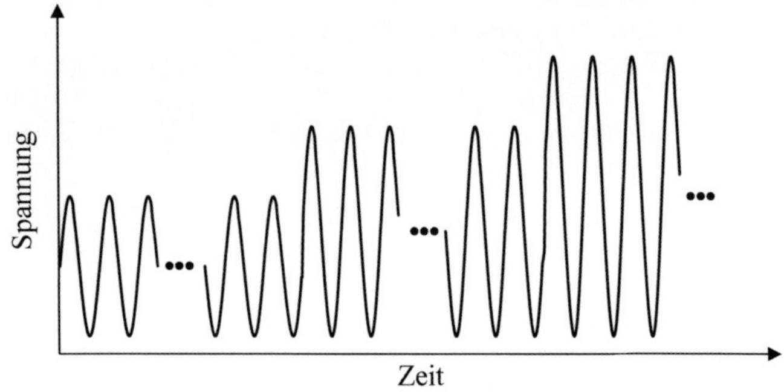

Abbildung 2.3: Beanspruchungsverlauf mit ansteigenden Oberspannungsniveaus

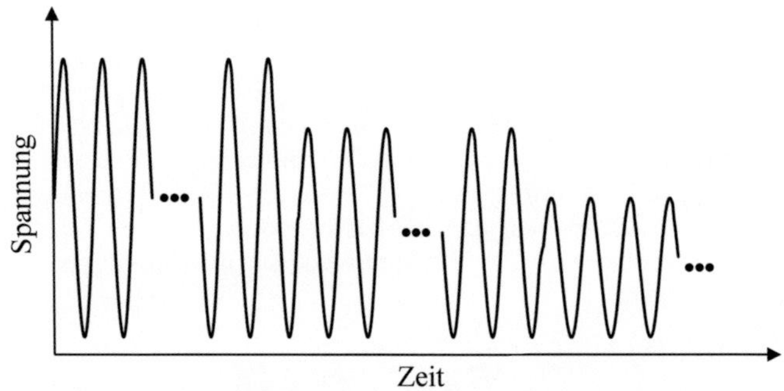

Abbildung 2.4: Beanspruchungsverlauf mit abnehmenden Oberspannungsniveaus

Sowohl die zyklischen Druckschwellversuche von *Holmen* (Holmen 1979) an Zylindern als auch von *Zhao et al.* (Zhao et al. 1996) an Betonprismen ergaben für Probekörper, die zu Beginn auf einem geringeren Spannungsniveau und anschließend auf einem höheren Spannungsniveau belastet wurden, Schädigungssummen nach Gleichung 2.3 von $D > 1,0$. Die Schädigungsakkumulationshypothese von *Palmgren* und *Miner* lieferte hier entsprechend zu konservative Ergebnisse. Bei Versuchen mit abnehmenden Spannungsniveaus ergaben sich hingegen Schädigungssummen von $D < 1,0$.

Eine umgekehrte Abhängigkeit der Belastungsreihenfolge ergaben die zyklischen Biegeschwellversuche aus (Hilsdorf & Kesler 1966). Bei zunehmenden Spannungsniveaus ergaben sich Schädigungsparameter von $D < 1,0$ und bei abnehmenden Spannungsniveaus Schädigungsparameter von $D > 1,0$.

Die Biegeversuche von *Oh* (Oh 1991), bei denen der Probekörper mit jedem Lastwechsel wieder komplett entlastet wurde, ergeben eine Abhängigkeit der Belastungsreihenfolge analog zu *Hilsdorf und Kesler*.

Zusammenfassend lässt sich feststellen, dass es eine Diskrepanz zwischen dem Ermüdungsverhalten von Beton und der Schädigungsakkumulationshypothese von *Palmgren* und *Miner* gibt. Eine Variation der Belastungsreihenfolge in den verschiedenen Versuchsserien führt zu unterschiedlichen Schädigungssummen nach Gleichung 2.3. Es zeigt sich jedoch, dass der Einfluss alternierend ist. Je nach Versuchsserie führten teilweise Versuche mit ansteigenden Spannungsniveaus zu größeren Schädigungssummen, teilweise jedoch auch die Versuche mit abnehmenden Spannungsniveaus.

2.1.3 Schädigungsprozesse

2.1.3.1 Vorbemerkung

Schädigungsprozesse finden sowohl unter monoton steigender Beanspruchung als auch infolge zyklischer Beanspruchung statt. Um das Materialverhalten von Beton besser erläutern zu können, wurden in (Wittmann 1986) die drei Maßstabsebenen Mikro-, Meso- und Makroebene definiert (Abbildung 2.5). Während in der Makroebene Beton als homogener Werkstoff angesehen wird, ergibt sich bei der Betrachtung in der Mikro- und der Mesoebene Beton als heterogener Werkstoff. In der Mesoebene wird lediglich zwischen der Zementsteinmatrix und dem Zuschlag sowie zum Teil auch den Kapillarporen unterschieden. Dabei werden jedoch die feineren Anteile des Zuschlags dem Zementstein zugeordnet und lediglich die groben Zuschlagskörner gesondert betrachtet. Die Mikroebene beinhaltet hingegen die Kristallstruktur des Zementsteins.

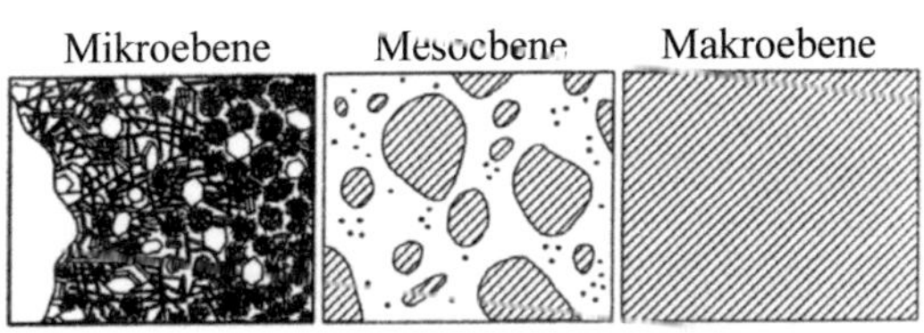

Abbildung 2.5: Maßstabsebenen von Beton, aus (Schwabach 2005)

Messungen während der experimentellen Untersuchungen finden in der Regel auf der Makroebene statt. Die Größe und Veränderungen der jeweiligen Messwerte beruhen jedoch meistens auf Material- und Verbundeigenschaften sowie Strukturveränderungen in der Mikro- und der Mesoebene. Auch im Rahmen dieser Arbeit finden die Messungen während der experimentellen Untersuchungen in der Makroebene statt, während für die Bewertung und Erläuterung der Messergebnisse häufig die Mesoebene oder auch die Mikroebene verwendet wird.

Im folgenden Kapitel wird zunächst allgemein die Rissentstehung sowie die Rissentwicklung in der Mesoebene erläutert. Anschließend wird in Kapitel 2.1.3.3 das Verformungs- und Degradationsverhalten von druckschwellbeanspruchten Betonprobekörpern beschrieben.

2.1.3.2 Rissentwicklung

Im Allgemeinen kommt es nach (Müller & Haist 2010) zur Rissbildung, wenn die lokale Zugfestigkeit im Beton überschritten wird. In der Regel sind dabei Zugspannungsspitzen in der Meso- und Mikrostruktur des Betons für die Rissentstehung und -entwicklung verantwortlich. In (Keller 1991) wird als Ursache der lokalen Spannungskonzentrationen zwischen der mechanischen, thermischen sowie hygrischen Inkompatibilität des Zuschlags und des Zementsteins unterschieden. Die Inkompatibilitäten beruhen jeweils auf den unterschiedlichen Materialeigenschaften der Betonbestandteile.

Die Mikrorisse aufgrund der hygrischen Inkompatibilität entstehen beim Schwinden des Betons. Da lediglich der Zementstein schwindet, ergeben sich insbesondere entlang der Korngrenzen lokale Zugspannungen. Bei Überschreiten der Zugfestigkeit des Zementsteins beziehungsweise der Haftzugfestigkeit zwischen Zuschlagskorn und Zementstein entstehen Mikrorisse.

Das unterschiedliche Wärmeausdehnungsverhalten der Betonbestandteile beschreibt die thermische Inkompatibilität. Infolge einer Temperaturbeanspruchung während der Hydratation oder während der weiteren Lebensdauer des Betons ergeben sich ebenfalls lokale Zugspannungen und gegebenenfalls daraus resultierende Mikrorisse.

Ein Betonbauteil oder -probekörper weist somit bereits vor der eigentlichen Belastung Fehlstellen auf. Bei diesen Fehlstellen kann es sich um Verdichtungsporen oder Mikrorisse handeln (Müller & Haist 2010). Zu weiteren Rissen und dem Fortschreiten der bestehenden Risse kommt es mit Beginn der mechanischen Beanspruchung unter anderem aufgrund der mechanischen Inkompatibilität der Betonbestandteile. Diese bezieht sich auf den Unterschied der Elastizitätsmodule zwischen dem Zementstein und den Zuschlagskörnern. Unter Druckbeanspruchung entstehen in der Mesoebene für einen Normalbeton lokale Spannungszustände nach Abbildung 2.6. In den Zugbereichen kann es demnach aufgrund der mechanischen Inhomogenität zu Mikrorissbildungen kommen.

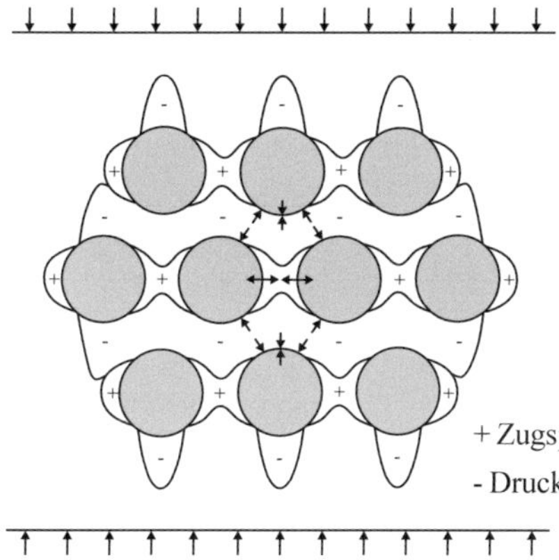

Abbildung 2.6: Spannungsverteilung infolge einer Druckbeanspruchung, nach (Lusche 1972)

In (Lusche 1972) wird das Verformungsverhalten unter monoton steigender einaxialer Druckbeanspruchung eines Normalbetons als Folge des inneren Spannungszustands in vier Abschnitte aufgeteilt (Abbildung 2.7). Dabei unterscheiden sich insbesondere die Ursachen des plastischen Dehnungsanteils zwischen den vier Abschnitten. Zu Beginn der Lastaufbringung in Abschnitt 1 kommt es aufgrund der Verdichtung des Zementsteins neben der elastischen Verformung auch zu irreversiblen Verformungsprozessen. Dabei werden vorhandene Risse und Poren teilweise geschlossen, wodurch die Dehnsteifigkeit zunimmt. Die Spannungs-Dehnungslinie steigt somit in diesem Abschnitt überproportional an.

Anschließend entstehen bei weiter zunehmender Beanspruchung die ersten Mikrorisse im Abschnitt 2 (Abbildung 2.8, links). Dabei handelt es sich in der Regel um Haftrisse an den Grenzflächen zwischen den Zuschlagskörnern und dem Zementstein, denn unter anderem in (El Bitouri et al. 2017) konnte nachgewiesen werden, dass die Haftzugfestigkeit in der Regel kleiner ist als die Zugfestigkeit des Zementsteins und des Zuschlags. Diese Haftrisse verursachen ein leichtes Abflachen der Spannungs-Dehnungslinie.

Bei weiter steigender Beanspruchung folgt der Abschnitt 3, bei dem es zu deutlich größeren Dehnungen kommt. Diese resultieren entsprechend der Modellvorstellung aus einem Fortschreiten der bestehenden Risse und der Entstehung neuer Risse. Zusätzlich zu den Haftrissen entstehen ebenfalls Mörtelrisse im Zementstein zwischen den einzelnen Zuschlagskörnern. Hier muss jedoch zwischen normalfesten und hochfesten Betonen unterschieden werden (Zaitsev &

Wittmann 1981). Bei normalfesten Betonen ergibt sich ein Rissbild entsprechend der Abbildung 2.8 (Mitte). Neue Mikrorisse entstehen im Zementstein und vorhandene Mikrorisse setzen sich im Zementstein fort. Bei einem hochfesten Beton kann es aufgrund der höheren Festigkeit des Zementsteins hingegen ebenfalls zu Rissverläufen innerhalb der Zuschlagskörner kommen.

Der Abschnitt 4 nach (Lusche 1972) beschreibt den abfallenden Ast der Spannungs-Dehnungslinie aus Abbildung 2.7. Die maximal aufnehmbare Spannung verringert sich und die Dehnung nimmt weiter zu. In der Mesoebene erklärt *Lusche* dies mit dem Bruch der Stabbündel nachdem diese sich durch das Fortschreiten der Risse in Beanspruchungsrichtung ausgebildet haben (Abbildung 2.8, rechts).

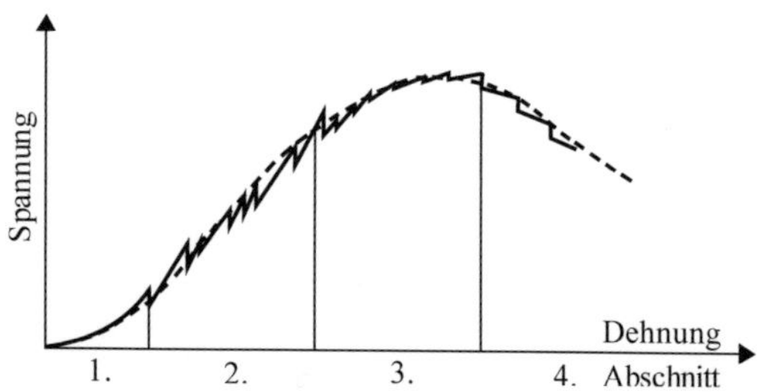

Abbildung 2.7: Einteilung der Spannungs-Dehnungslinie eines Normalbetons unter monoton steigender Beanspruchung, nach (Lusche 1972)

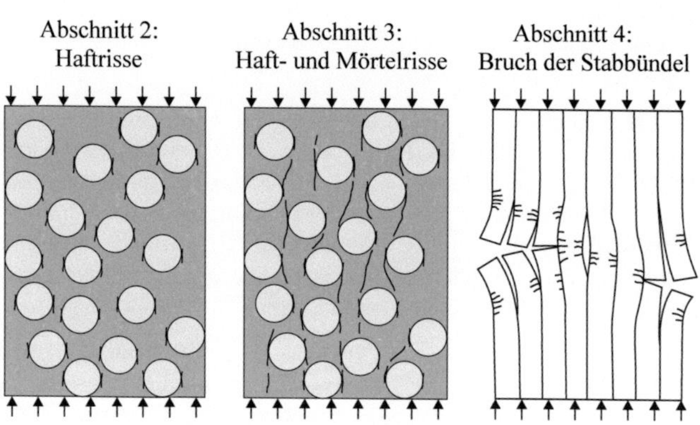

Abbildung 2.8: Modell zur Schädigungsentwicklung eines Normalbetons in der Mesoebene, nach (Lusche 1972)

Anders als in Abbildung 2.8 modellmäßig dargestellt, kommt es bei der Verteilung, Größe, Form und Oberflächenbeschaffenheit der Zuschlagskörner zu vielfachen Unregelmäßigkeiten. Diese haben wiederum entscheidenden Einfluss auf den inneren Spannungszustand. Ein reales Rissbild innerhalb eines Betonprobekörpers ist daher auch zufallsbasiert und beinhaltet ebenfalls andersorientierte Rissverläufe. Auswertungen der Mikrorisse aus (Taylor & Broms 1964) in Abbildung 2.9 bestätigen diese ungleichmäßige Verteilung. An zylindrischen Betonprobekörpern, die zuvor mit einer uniaxialen Druckbeanspruchung belastet wurden, wurden die Verläufe der Mikrorisse mikroskopisch untersucht. Es zeigt sich, dass die Risse in verschiedene Richtungen, schwerpunktmäßig jedoch diagonal verlaufen.

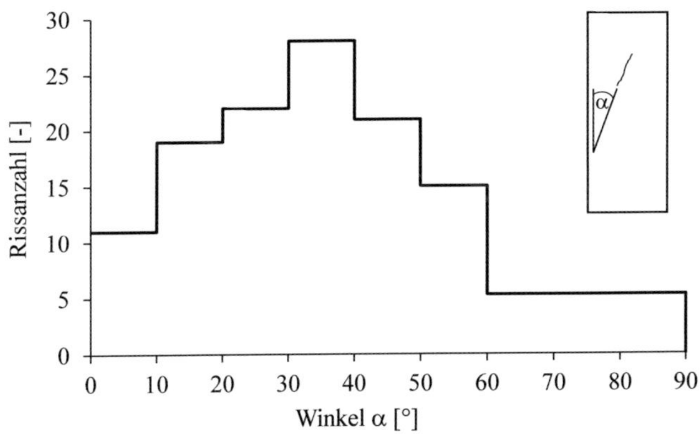

Abbildung 2.9. Verteilung der Rissorientierung bei einem zylindrischen Betonprobekörper infolge einer uniaxialen Druckbeanspruchung, nach (Taylor & Broms 1964)

Festzuhalten für die spätere Bewertung des Ermüdungsverhaltens von Beton ist, dass bereits vor der ersten mechanischen Beanspruchung Mikrorisse im Beton vorhanden sind, deren Anzahl und Größe mit Einsetzen der mechanischen Beanspruchung anschließend zunehmen.

2.1.3.3 Verformungs- und Degradationsverhalten

Nachdem im vorangegangenen Kapitel die Rissentwicklungen in der Mesoebene erläutert wurden, wird in diesem Kapitel auf das Verhalten von Betonprobekörpern unter zyklischer Druckschwellbeanspruchung eingegangen. Für Rückschlüsse auf die Strukturveränderungen im Inneren des Betons können die Veränderungen verschiedener, in der Makroebene ermittelter Material- und

Messparameter verwendet werden. Im Folgenden werden typische Verläufe der Dehnungsentwicklung, der Steifigkeitsdegradation, der Ultraschallgeschwindigkeit, der akustisch ermittelten Schallsignale sowie die Entwicklung der Form der Be- und Entlastungskurven im Spannungs-Dehnungsdiagramm beschrieben. Sämtliche Verläufe beziehen sich auf einstufige Druckschwellversuche mit festgelegten Unter- und Oberspannungsniveaus. Für die Erläuterung der einzelnen Verläufe wird wiederum die in Kapitel 2.1.3.2 beschriebene Rissentwicklung in der Mesoebene verwendet.

Die Probekörperstauchung ε_O bei Erreichen der Oberspannung gegenüber der Lastwechselzahl ergibt einen dreiphasigen Verlauf (siehe Abbildung 2.10). Nach einem starken Anstieg zu Beginn folgt nach N/N_f = 10 % bis N/N_f = 20 % der Bruchlastwechselzahl N_f mit dem Übergang hin zu einem linearen Anstieg die zweite Phase. Kurz vor dem Versagen nach N/N_f = 80 % bis N/N_f = 90 % der Bruchlastwechselzahl N_f nimmt in der dritten Phase die Steigung des Verlaufs bis zum Bruch kontinuierlich zu. Diese drei Phasen lassen sich mit dem Mikrorisswachstum und der entsprechenden Schädigungsentwicklung erklären ((Klausen 1978), (Weigler & Rings 1985), (Göhlmann 2009), (Thiele 2015)).

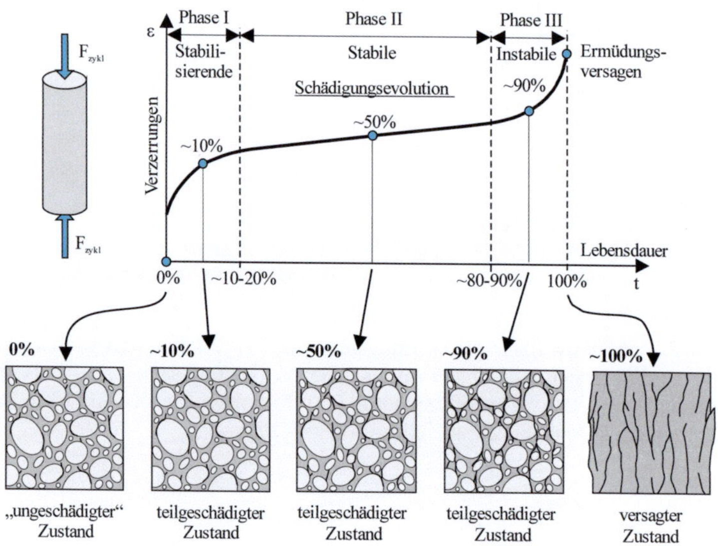

Abbildung 2.10: Dehnungsentwicklung mit Beschreibung der Schädigungsevolution eines kraftgeregelten Druckschwellversuchs, nach (Thiele 2015)

Von der Haar (von der Haar 2016) unterteilte die während zyklischer Druckschwellversuche auftretenden Gesamtdehnungen mit seinem additiven Dehnungsmodell in verschiedene Dehnungsanteile (siehe Abbildung 2.11). Dabei zeigte sich, dass neben dem Verlauf der elastischen Dehnung ε_{el} insbesondere der schädigungsinduzierte Dehnungsanteil ε_d den zuvor beschriebenen dreiphasigen Verlauf aufweist.

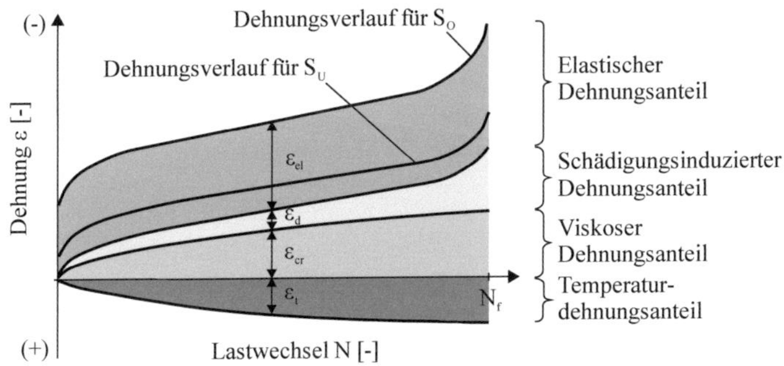

Abbildung 2.11: Dehnungsanteile während eines kraftgeregelten Druckschwellversuchs, nach (von der Haar 2016)

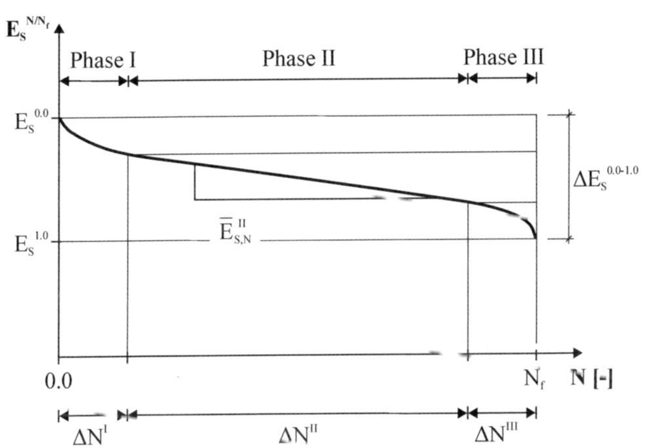

Abbildung 2.12: Steifigkeitsdegradation während eines kraftgeregelten Druckschwellversuchs, aus (Oneschkow 2016b)

Aus der elastischen Dehnung ε_{el} resultiert der in Abbildung 2.12 dargestellte Verlauf des Elastizitätsmoduls E, der nach (Oneschkow 2016b) ebenfalls durch drei Phasen charakterisiert werden kann. Der Rückgang des Elastizitätsmoduls E mit steigender Lastwechselzahl N wird als Steifigkeitsdegradation bezeichnet. Auch hier kommt es zu Versuchsbeginn in Phase 1 zu einer starken Veränderung des Elastizitätsmoduls E, gefolgt von einem linearen Verlauf in Phase 2. Kurz vor dem Versagen nimmt die Steifigkeitsdegradation in Phase 3 wieder deutlich zu. Auch hier wird die Verlaufscharakteristik mit der Zunahme der Mikrorisse in der Mesoebene begründet.

Ein weiterer häufig verwendeter Schädigungsindikator sowohl für Versuche mit monoton steigender Beanspruchung als auch mit zyklischer Beanspruchung ist die Schallemissionsaktivität ((Thiele 2015), (Scheiden et al. 2019), (Tomann & Oneschkow 2019)). Aus den Schallwellen lässt sich die Aktivität in Form von Hits herausfiltern. Sobald die Amplitude einer Schallwelle einen vom Anwender festgelegten Grenzwert überschreitet, wird das Ereignis als ein Hit berücksichtigt. Durch einen Hit wird somit ein besonders ausgeprägtes Schallereignis beschrieben, welches hinsichtlich der Schädigungsentwicklung als eine Entstehung neuer oder ein Fortschreiten bestehender Mikrorisse interpretiert wird.

Ein Verlauf der während eines zyklischen Druckschwellversuchs ermittelten Hits aus (Thiele et al. 2011) ist in Abbildung 2.13 dargestellt. Dabei wurden die Schallwellen während monoton steigender und anschließend monoton abnehmender Lastrampen zwischen einer minimalen Grundspannung σ_G und der maximalen Beanspruchung (S_O) aufgezeichnet. Diese linearen Lastrampen wurden für die Messung jeweils zwischen festen Intervallen von sinusförmigen Belastungszyklen durchgeführt. Direkt mit der ersten Belastung werden die meisten Hits aufgezeichnet. Mit der zweiten Messung werden bereits deutlich weniger Hits aufgezeichnet. Die Anzahl der Hits erhöht sich anschließend jedoch wieder kontinuierlich bis zum Versagen des Probekörpers. Kurz vor dem Versagen nimmt die Anzahl der Hits nochmals überproportional zu. Im Gegensatz zu den anderen zuvor beschriebenen Schädigungsindikatoren wird durch einen Hit nicht die Schädigungshistorie sondern lediglich ein unmittelbar erfolgtes Ereignis aufgezeigt. Somit ist der qualitative Verlauf aus Abbildung 2.13 mit den qualitativen Steigungsverläufen der anderen Schädigungsindikatoren zu vergleichen. Der Verlauf der Hits lässt auf eine starke Rissbildung während der ersten Belastung schließen. Die anschließende Risszunahme scheint jedoch stetig stärker zu werden, was wiederum nicht mit den sonstigen linearen Anstiegen anderer Schädigungsindikatoren in Phase 2 im Einklang ist. Die Untersuchungsergebnisse aus (Weigler & Klausen 1979) und (Scheiden & Oneschkow 2019) stimmen aufgrund der gleichmäßigen Anzahl an Hits in Phase 2 eher mit den anderen dreiphasigen Verläufen überein.

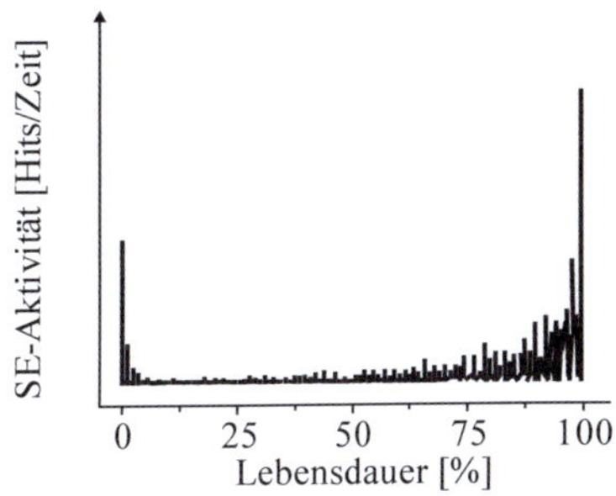

Abbildung 2.13: Schallemissionsaktivität bei einem kraftgeregelten Druckschwellversuch, nach (Thiele et al. 2011)

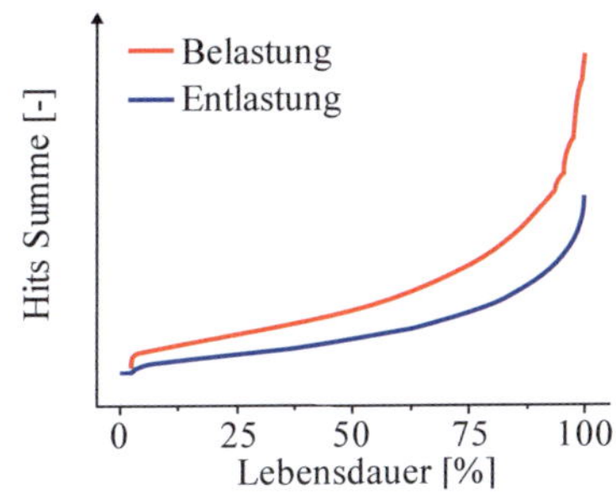

Abbildung 2.14: Summenverläufe der Schallereignisse getrennt für Be- und Entlastungen, nach (Thiele et al. 2011)

Weitergehend haben *Thiele et al.* (Thiele et al. 2011) die aufsummierten Schallemissionsereignisse über die Versuchslaufzeit getrennt nach dem Auftreten während der Be- und Entlastungsvorgänge analysiert (siehe Abbildung 2.14). Dabei zeigt sich für die Ereignisse während der Belastungen ebenfalls ein dreiphasiger Verlauf. Jedoch ist der Übergang zwischen den Phasen 2 und 3 scheinbar früher und weniger stark ausgeprägt als bei anderen Schädigungsindikatoren. Der zweite Verlauf zeigt, dass es auch bei der Entlastung zu erhöhter Schallemissionsaktivität kommt. Die in (Tomann & Oneschkow 2019) aufgezeigten Untersuchungsergebnisse zeigen ein ähnliches Verhalten. Es konnte festgestellt werden, dass es auch zum Zeitpunkt der geringen Beanspruchung während der Lastzyklen zu nennenswerter Schallemissionsaktivität kommt. Es scheinen demnach auch während der Entlastung Rissentwicklungen vorhanden zu sein. Diese werden in (Hohberg 2004) mit Eigenspannungen infolge von Rückstellkräften, die durch die mechanische Inkompatibilität der Betonbestandteile entstehen, begründet.

Der Verlauf der Ultraschallgeschwindigkeiten v_f wird ebenfalls häufig für die Bewertung vorhandener Mikrorisse verwendet ((Holmen 1979), (Urban et al. 2014), (Thiele 2015), (von der Haar & Marx 2016)). Mit Zunahme der Risse wird die Schallausbreitung im Inneren gestört, sodass sich die Schallgeschwindigkeit v_f verringert. Die Verläufe in Abbildung 2.15 zeigen quer zur Beanspruchungsrichtung (horizontal) sowohl im annähernd entlasteten Zustand (Grundspannung σ_G) als auch bei Erreichen der bezogenen Oberspannung S_O einen dreiphasigen Verlauf. Dabei ist die Abnahme der Schallgeschwindigkeiten v_f im entlasteten Zustand stärker ausgeprägt. Parallel zur Beanspruchungsrichtung (vertikal) ergibt sich eine abweichende Verlaufscharakteristik (Abbildung 2.16). Im entlasteten Zustand nehmen die Geschwindigkeiten zunächst in Phase 1 stark ab und verlaufen anschließend linear in Phase 2. Auffällig ist das

Fehlen der sich nicht abzeichnenden dritten Phase. Die Geschwindigkeiten in Beanspruchungsrichtung im belasteten Zustand steigen während des Versuchs sogar leicht an.

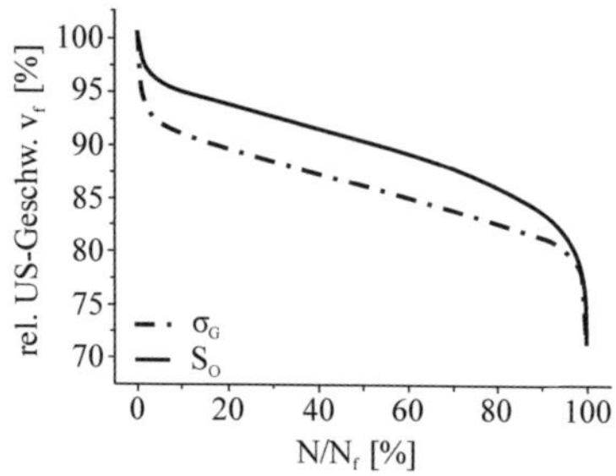

Abbildung 2.15: Verlauf der senkrecht zur Beanspruchung ermittelten Ultraschallgeschwindigkeiten v_f während eines kraftgeregelten Druckschwellversuchs, nach (Thiele 2015)

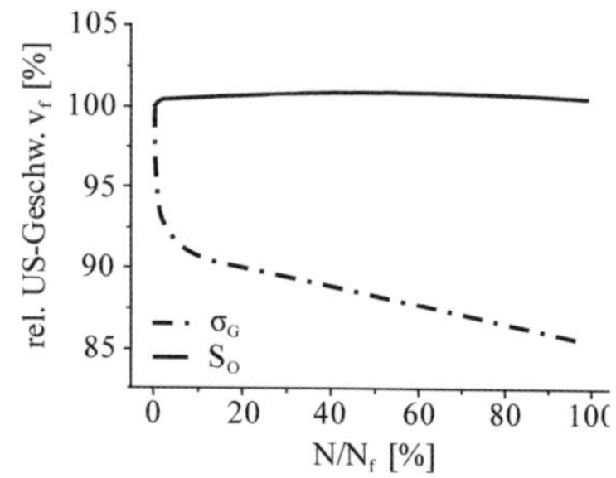

Abbildung 2.16: Verlauf der in Beanspruchungsrichtung ermittelten Ultraschallgeschwindigkeiten v_f während eines kraftgeregelten Druckschwellversuchs, nach (Thiele 2015)

Die Abnahme der senkrecht zur Beanspruchungsrichtung gemessenen Geschwindigkeiten (Abbildung 2.15) bestätigt die Modellvorstellungen aus Abbildung 2.8 und Abbildung 2.10 mit parallel zur Belastungsrichtung verlaufenden Rissen. Aus der geringeren Abnahme der Geschwindigkeiten v_f im belasteten Zustand kann außerdem geschlussfolgert werden, dass zumindest ein Teil der Risse durch die Belastung temporär wieder geschlossen wird. Die unterschiedlichen Verläufe der Ultraschallgeschwindigkeiten v_f parallel zur Beanspruchungsrichtung lassen sich ebenfalls mit dem veränderlichen Status der Rissöffnung erklären (siehe Abbildung 2.16). Während es durch die Öffnung der über die Versuchslaufzeit entstandenen Risse im entlasteten Zustand zu einer deutlichen Abnahme der Geschwindigkeiten kommt, nehmen die Geschwindigkeiten aufgrund der zunehmenden Verdichtung der Betonstruktur und dem Schließen bestehender Risse im belasteten Zustand leicht zu.

Eine detaillierte Betrachtung der Form der Be- und Entlastungskurven von zyklisch beanspruchten Probekörpern liefert ebenfalls Hinweise auf Mikrorisse. In (Mehmel & Kern 1962) wurden Probekörper vor und zwischen den zyklischen Beanspruchungen jeweils punktuell mit gesonderten Be- und Entlastungsrampen beansprucht, um einzelne Be- und Entlastungskurven aufzuzeichnen (siehe Abbildung 2.17). Während die Entlastungskurven von Beginn an einen konvexen, zur Spannungsachse hin gekrümmten Verlauf besitzen, lässt sich bei den

Belastungskurven eine Krümmungsumkehr beobachten. Analog zu den Spannungs-Dehnungslinien von Versuchen mit monoton steigender Beanspruchung, ergibt sich zu Versuchsbeginn ein konkaver, von der Spannungsachse weg gekrümmter Verlauf. Mit steigender Beanspruchung nimmt die Dehnung zu. In dem Versuch aus Abbildung 2.17 sowie weiteren in (Mehmel & Kern 1962) und (Thiele 2015) beschriebenen Versuchen kommt es bereits nach dem ersten Belastungszyklus zur Krümmungsumkehr. In (Mehmel & Kern 1962) sind hingegen auch Versuchsergebnisse mit geringerer zyklischer Beanspruchung dargestellt, welche eine leicht verspätete Krümmungsumkehr nach wenigen Lastwechseln beschreiben.

Begründet wird die Krümmungsumkehr der Belastungsäste ebenfalls mit der Entstehung und Entwicklung von Mikrorissen. Zunächst nimmt während der ersten Belastung die Anzahl und Größe der Mikrorisse stetig zu, wodurch mit zunehmender Spannung die Dehnsteifigkeit abnimmt und daraus ein konkaver Verlauf der Spannungs-Dehnungslinie resultiert. Mit ansteigender Lastwechselzahl nimmt anschließend das Verhältnis zwischen den bereits vorhandenen Mikrorissen und den während des aktuellen Belastungszyklus neu entstehenden oder sich weiter entwickelnden Rissen stetig zu. Dies hat zur Folge, dass der Einfluss der vorhandenen Mikrorisse auf den Verlauf des Belastungsastes größer ist als der Einfluss der fortschreitenden Rissentwicklung während des aktuellen Belastungszyklus. Nach (Schwabach 2005) verursacht das mit zunehmender Spannung innerhalb eines Belastungszyklus fortschreitende Schließen bestehender Mikrorisse eine Erhöhung der Dehnsteifigkeit. Dies begründet somit den konvexen Verlauf des Belastungsastes.

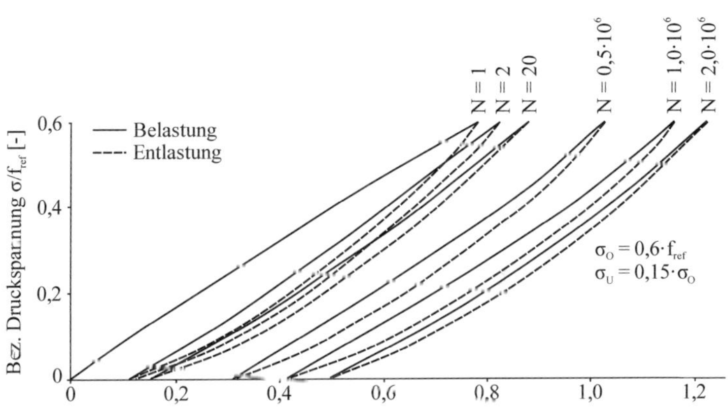

Abbildung 2.17: Verlauf der Be- und Entlastungskurven eines Spannungs-Dehnungsdiagramms nach N Lastwechseln, nach (Mehmel & Kern 1962)

Sämtliche in diesem Kapitel aufgezeigte Messparameter, welche in der Makroebene ermittelt und häufig als Schädigungsindikatoren verwendet werden, zeigen eine deutliche Veränderung während der ersten Lastwechsel auf. Bei den meisten Parametern ist außerdem nach einer relativ geringen oder einer gleichmäßigen Veränderung der Messgröße während des mittleren Versuchsabschnitts unmittelbar vor dem Versagen des jeweiligen Probekörpers eine erneute stark zunehmende Veränderung zu verzeichnen. Daher wird im Allgemeinen die Schädigungsentwicklung in die beschriebenen drei Phasen aufgeteilt. Diese drei Phasen ergeben sich nach (Göhlmann 2009) durch das Mikrorisswachstum in Phase 1, das stabile Risswachstum in Phase 2 und das instabile Risswachstum verbunden mit der Schädigungslokalisierung in Phase 3.

2.1.4 Probekörpererwärmung

Schon frühzeitig wurden bei Ermüdungsuntersuchungen mit höheren Prüffrequenzen f_p nennenswerte Erwärmungen der Betonprobekörper festgestellt ((Assimacopoulos et al. 1959), (Antrim 1965), (Whaley & Neville 1973)). Nähere Untersuchungen der Erwärmung von zyklisch beanspruchten Probekörpern wurden jedoch erst in den letzten Jahren durchgeführt ((Anders 2014), (von der Haar et al. 2016), (Bode & Marx 2019a), (Elsmeier 2019)). Es zeigte sich, dass die Erwärmung von der Prüffrequenz f_p, der Oberspannung σ_O, der Spannungsamplitude σ_A, der Versuchsdauer t und dem verwendeten Beton abhängig ist. So weisen hochfeste Vergussbetone und hochfeste Betone in Abhängigkeit des maximalen Größtkorns unterschiedliche Erwärmungsverhalten auf. Die Untersuchungen von *Otto et al.* (Otto et al. 2019) zeigen, dass die (Verguss-)Betone mit kleinerem Größtkorn schneller erwärmen als solche mit größerem Größtkorn.

Bei gleicher bezogener Unterspannung S_U und gleicher Prüffrequenz f_p erwärmen sich Probekörper mit größerer bezogener Oberspannung S_O schneller als mit geringerer bezogener Oberspannung S_O. Dies ist jedoch nicht gleichbedeutend mit der maximalen Probekörpertemperatur während des gesamten Versuchs, da aufgrund der größeren bezogenen Oberspannung S_O ebenfalls die Bruchlastwechselzahl N_f und somit die Versuchslaufzeit beziehungsweise die Erwärmungsdauer abnimmt. Dies wird insbesondere beim Vergleich der Temperaturverläufe mit den Prüffrequenzen von $f_p = 1$ Hz sowie $f_p = 10$ Hz und den bezogenen Oberspannungsniveaus $S_O = 0{,}70$ sowie $S_O = 0{,}60$ in Abbildung 2.18 deutlich. Während die Temperaturverläufe der Prüffrequenz $f_p = 10$ Hz kontinuierlich ansteigen, kommt es bei der geringeren Prüffrequenz von $f_p = 1$ Hz nach einigen Lastwechseln zu einem stationären Zustand. Dort steht die dem Probekörper zugefügte thermische Energie im Gleichgewicht zu der vom Probekörper an die Umgebung abgegebenen thermischen Energie je Zeiteinheit. Durch das Erreichen des stationären Zustands ist somit auch der Oberspannungseinfluss auf die maximale Erwärmung während des Versuchs erkennbar. Der mit der bezogenen Oberspannung von $S_O = 0{,}70$ und der Prüffrequenz $f_p = 1$ Hz beanspruchte Probekörper erreicht eine höhere Maximaltemperatur als der mit der bezogenen Oberspannung von $S_O = 0{,}60$ und der Prüffrequenz $f_p = 1$ Hz beanspruchte Probekörper. Da es bei den mit der Prüffrequenz $f_p = 10$ Hz beanspruchten Probekörpern jedoch vor Erreichen des stationären Temperaturzustands zum Versagen kommt, dreht sich der Einfluss der bezogenen Oberspannung S_O auf die Maximaltemperatur um. Hier erreicht der am geringsten, mit einer bezogenen Oberspannung von $S_O = 0{,}60$, beanspruchte Probekörper die höchste Maximaltemperatur.

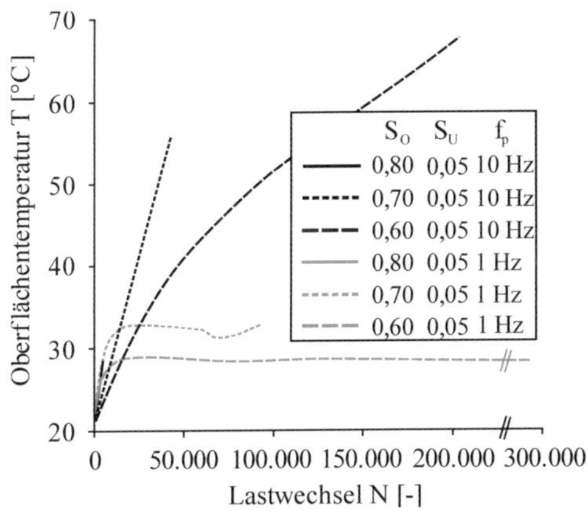

Abbildung 2.18: Entwicklung der Probekörpertemperaturen infolge zyklischer Druckschwellbeanspruchung, nach (von der Haar et al. 2016)

Die Abhängigkeit der Probekörpererwärmung von der Prüffrequenz f_p ist unter Berücksichtigung der Wärmeabgabe an die Umgebung zu analysieren. Bezogen auf die Lastwechsel erwärmen sich Probekörper mit einer geringen Prüffrequenz f_p zunächst schneller als Probekörper mit einer höheren Prüffrequenz f_p. Dies zeigen die stärkeren Anstiege der Temperaturverläufe bei einer Prüffrequenz von $f_p = 1$ Hz in Abbildung 2.18 zu Versuchsbeginn. Mit steigender Probekörpertemperatur nimmt auch die von der Temperaturdifferenz abhängige Wärmeabgabe an die Umgebung zu. Da die Wärmeenergieabgabe ebenfalls von der Zeit abhängig ist, resultiert aus der größeren Zeitdauer eines Lastwechsels bei einer geringeren Prüffrequenz f_p eine größere Wärmeabgabe je Lastwechsel und somit eine geringere maximale Probekörpertemperatur während des Versuchs.

Weitergehende Untersuchungen zeigen, dass die Probekörpertemperatur insbesondere von der Spannungsschwingbreite $\Delta\sigma$ (Abbildung 2.19) abhängig ist (Elsmeier 2019). Der Anstieg der Probekörpertemperatur ist bei gleicher bezogener Oberspannung S_O für Versuche mit einer bezogenen Unterspannung von $S_U = 0,05$ deutlich größer als bei Versuchen mit einer bezogenen Unterspannung von $S_U = 0,20$. So ergibt sich bei dem mit einer bezogenen Unterspannung von $S_U = 0,05$ getesteten Probekörper mit der größten Bruchlastwechselzahl $N_f \approx 5.000$ eine maximale Temperaturerhöhung von $\Delta T \approx 9,5$ K. Ein Probekörper mit einer ähnlichen Bruchlastwechselzahl ($N_f \approx 4.000$), der mit einer bezogenen Unterspannung von $S_U = 0,20$ getestet wurde, erwärmt sich hingegen nur um maximal $\Delta T \approx 4,5$ K.

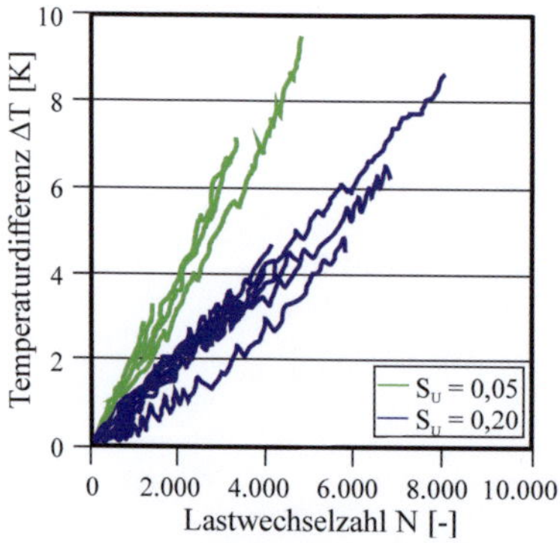

Abbildung 2.19: Probekörpererwärmung für verschiedene bezogene Unterspannungsniveaus S_U; mit $S_O = 0,85$ und $f_p = 10$ Hz, nach (Elsmeier 2019)

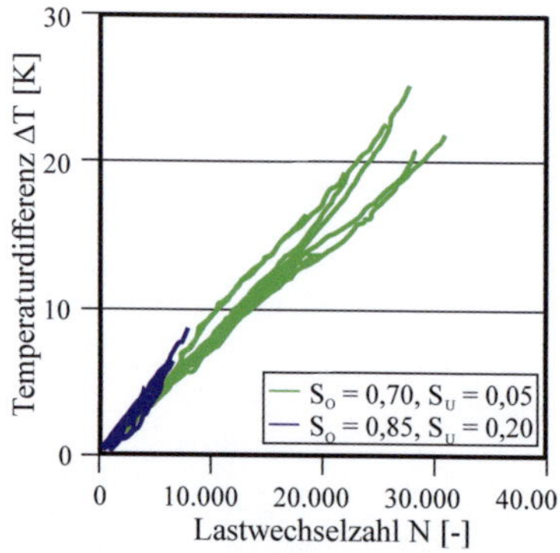

Abbildung 2.20: Probekörpererwärmung für verschiedene Spannungsniveaus bei gleicher Spannungsschwingbreite $\Delta\sigma$; mit $f_p = 10$ Hz, nach (Elsmeier 2019)

Deutlich geringer erscheint nach der Darstellung in Abbildung 2.20 der Einfluss der bezogenen Ober- bzw. Unterspannung S_O und S_U bei gleicher Spannungsschwingbreite $\Delta\sigma$ auf die Erwärmungsgeschwindigkeit. Die Temperaturverläufe der mit dem bezogenen Oberspannungsniveau $S_O = 0,85$ beanspruchten Probekörper steigen nur geringfügig schneller an als die Verläufe der mit $S_O = 0,70$ beanspruchten Probekörper. Da es bei den mit $S_O = 0,85$ beanspruchten Probekörpern jedoch deutlich schneller zu einem Versagen kommt, ist die maximale Temperaturerhöhung ΔT kleiner als bei den mit $S_O = 0,70$ beanspruchten Probekörpern.

Sowohl *Whaley* (Whaley 1971) als auch *Elsmeier* (Elsmeier 2019) sehen innere Reibprozesse im Beton als Ursache für die Probekörpererwärmung infolge zyklischer Beanspruchung. Sowohl die Verläufe aus Abbildung 2.19 als auch aus Abbildung 2.20 unterstützen diese Hypothese. Demnach bewirkt eine größere Spannungsschwingbreite $\Delta\sigma$ aufgrund des größeren elastischen Dehnungsanteils auch mehr und größere Reibprozesse im Inneren eines Probekörpers. Da die elastische Dehnung ε_{el} bei gleicher Spannungsschwingbreite $\Delta\sigma$ nahezu gleich ist, ergeben sich in Abbildung 2.20 annähernd parallele Verläufe. Der geringfügig schnellere Temperaturanstieg bei größerer bezogener Oberspannung S_O kann hingegen auf die Schädigungsentwicklung zurückgeführt werden. Aufgrund des deutlich schnelleren Versagens und der damit einhergehenden schnelleren Schädigungsentwicklung nehmen offensichtlich auch die inneren Reibprozesse schneller zu.

2.2 Energetische Betrachtung des Materialverhaltens

Sowohl das Verformungsverhalten von realen Bauwerken als auch das Materialverhalten von Probekörpern lässt sich energiebasiert durch das Zusammenspiel von Kraft und Verformung beschreiben. Einem Probekörper in einer Prüfmaschine wird mit der Belastung Energie in Form von mechanischer Arbeit hinzugefügt.

$$\Delta E = W_{mech} = \int F(\Delta l) d\Delta l \qquad \text{Gl. 2.4}$$

mit:
$F(\Delta l)$ ≙ Kraft in Abhängigkeit von der Probekörperverformung
Δl ≙ Probekörperverformung

Je nach Materialverhalten wird diese Energie auf verschiedene Weise vom Probekörper gespeichert. *Wischers* (Wischers 1978a) beschreibt die aufgenommenen Energieinhalte mithilfe der Spannungs-Dehnungslinien für einen ideal-elastischen Werkstoff, einen elasto-plastischen Werkstoff und für Beton.

Bei einem ideal-elastischen Werkstoff (Abbildung 2.21) sind die belastungsabhängigen Verformungen komplett reversibel. Entsprechend liegen die Spannungs-Dehnungslinien der Belastung und der Entlastung übereinander. Der Bereich unterhalb der Spannungs-Dehnungslinie beschreibt die elastische Energie E_{el}. Mit der Entlastung wird die gesamte zuvor aufgebrachte Energie vom Probekörper wieder abgegeben.

Die Verformung eines elasto-plastischen Werkstoffs (Abbildung 2.22) besteht neben einem reversiblen auch aus einem irreversiblen Anteil. Durch den irreversiblen Teil wird die plastische Energie E_{pl}, welche nicht durch die Entlastung wieder abgegeben wird, beschrieben. Im Spannungs-Dehnungsdiagramm handelt es sich dabei um den Bereich zwischen der Ent- und der Belastungskurve. Die elastische Energie E_{el}, welche vom Probekörper mit der Entlastung wieder abgegeben wird, wird entsprechend durch den Bereich unterhalb des Entlastungsastes beschrieben.

In Abbildung 2.23 ist die Spannungs-Dehnungslinie für zwei weggeregelte Be- und Entlastungszyklen eines Betonprobekörpers dargestellt. Neben dem elastischen und dem plastischen Energieanteil E_{el} und E_{pl} resultiert aus dem viskosen Verformungsverhalten ein dritter Energieanteil. Dieser ergibt sich durch die geringere Verformung des zweiten Belastungsvorgangs verglichen mit der Verformung des ersten Entlastungsvorgangs. Der dazwischenliegende Bereich steht für die Dissipationsenergie E_δ, auf die im folgenden Kapitel 2.3 näher eingegangen wird.

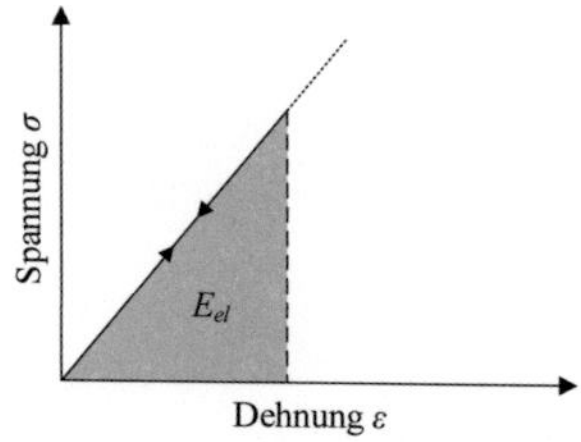

Abbildung 2.21: Ideal-elastischer Werkstoff, nach (Wischers 1978a)

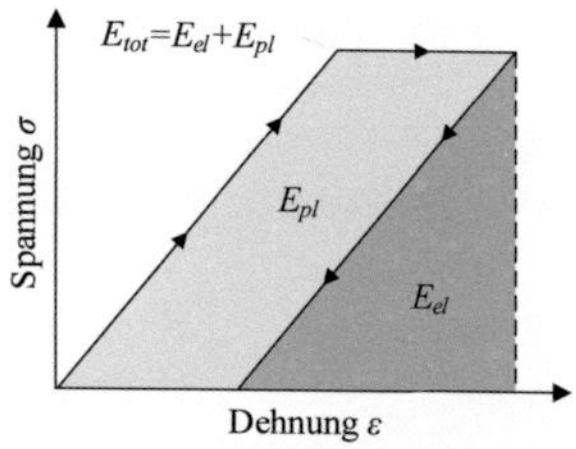

Abbildung 2.22: Elasto-plastischer Werkstoff, nach (Wischers 1978a)

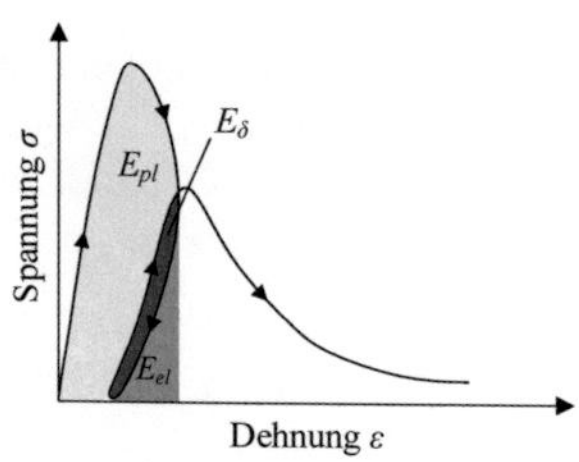

Abbildung 2.23: Spannungs-Dehnungslinie von Beton, nach (Wischers 1978a)

2.3 Dissipationsenergie

2.3.1 Energetische Beschreibung

Wie in Kapitel 2.2 beschrieben handelt es sich bei der Dissipationsenergie E_δ um die Energie, die mit jedem Lastwechsel vom Probekörper dissipiert wird. Der Probekörper wirkt demnach dämpfend auf das System der Lastaufbringung. Bei der Darstellung der Spannungs-Dehnungslinie eines Betonprobekörpers bei einem kraftgeregelten zyklischen Versuch in Abbildung 2.24 sind am Ende des Versuchs, unmittelbar vor dem Bruch, die Hystereseflächen, die die Dissipationsenergien E_δ der einzelnen Lastzyklen beschreiben, ersichtlich. Tatsächlich wird in der Regel über die gesamte Versuchslaufzeit Energie dissipiert. Aufgrund der vielfachen Überlagerung der Spannungs-Dehnungslinie sind die entsprechenden Hystereseflächen jedoch nicht erkennbar.

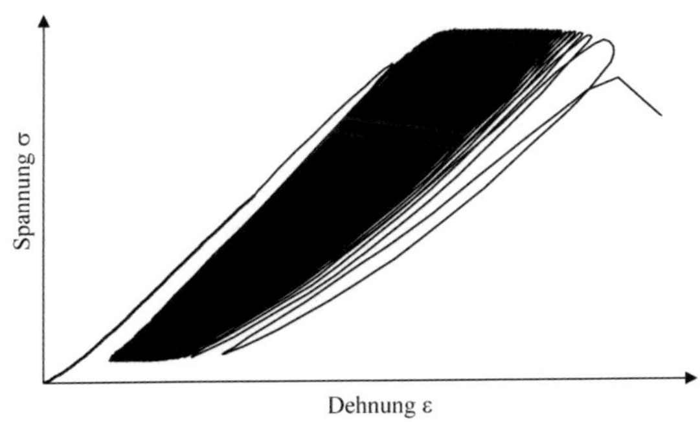

Abbildung 2.24: Spannungs-Dehnungslinie eines kraftgeregelten zyklischen Versuchs

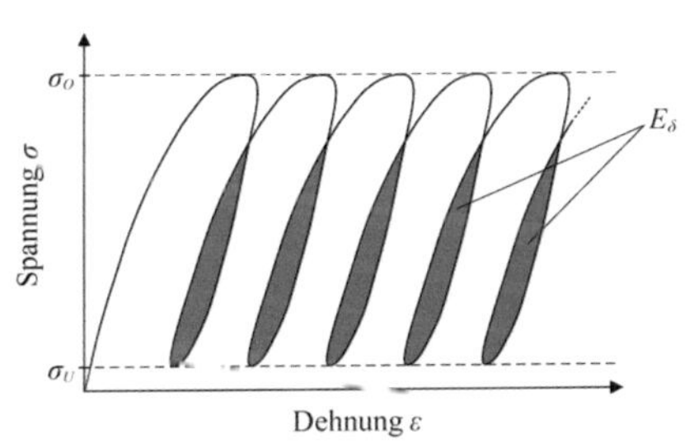

Abbildung 2.25: Schematische Darstellung der Spannungs-Dehnungslinie und der Dissipationsenergie E_δ, nach (von der Haar et al. 2016)

In der schematischen Darstellung in Abbildung 2.25 mit horizontal auseinandergezogener Spannungs-Dehnungslinie werden die Hystereseflächen und somit die Dissipationsenergien E_δ der einzelnen Lastwechsel sichtbar. Mit jedem Lastwechsel wird dieser Energieanteil dem Probekörper zugeführt, ohne dass er bei der Entlastung wieder abgegeben wird. Über die gesamte Versuchslaufzeit steigt demnach die kumulierte Dissipationsenergie ΣE_δ kontinuierlich an.

Während *Wischers* (Wischers 1978a) und *Teichen* (Teichen 1968) den hier beschriebenen Energieanteil als Dämpfungsenergie bezeichnen, benutzen *Spooner und Dougill* (Spooner & Dougill 1975) den in dieser Arbeit verwendeten Begriff „Dissipationsenergie“. In ihrer Arbeit stellen *Spooner und Dougill* die Hypothese auf, dass während des ersten Lastwechsels aufgrund der Schädigung und während der folgenden Lastwechsel aufgrund der Dämpfung Energie dissipiert wird. Bereits *Ban* machte hingegen die Aufspeicherung der dissipierten Energie für die Ermüdungsschädigung verantwortlich (Ban 1933). *Tepfers et al.* sehen den Grund für die absorbierte Energie der Probekörper in einem Zusammenspiel aus Mikrorissbildung, Spannungsumlagerungen und der Probekörpererwärmung (Tepfers et al. 1984). Allerdings beziehen sich *Tepfers et al.* auf die gesamte absorbierte Energie während eines Belastungszyklus und unterscheiden in ihren Untersuchungen nicht zwischen elastischer, plastischer und dissipierter Energie.

In neueren Veröffentlichungen werden die Verläufe der Dissipationsenergie E_δ als Schädigungsindikator verwendet ((Bode & Marx 2019b), (Scheiden & Oneschkow 2019), (Otto et al. 2019)). Nähere Untersuchungen hinsichtlich des Zusammenhangs zwischen der Schädigung und der Dissipationsenergie E_δ werden in Kapitel 5 durchgeführt.

Teichen (Teichen 1968) und *von der Haar et al.* (von der Haar et al. 2016) kommen zu dem Schluss, dass zumindest der Großteil der dissipierten Energie E_δ in Wärme umgewandelt wird. Diese Hypothese wird in Kapitel 5.4 erneut aufgegriffen und bestätigt.

2.3.2 Dämpfungsverhalten von Beton

In diesem Abschnitt wird das allgemeine Dämpfungsverhalten von Beton, das die Ursache der Energiedissipation bei zyklischen Versuchen darstellt, näher beschrieben. In (Teichen 1968) wird der Begriff „Dämpfung“ als der Energiebetrag beschrieben, der einem schwingenden System mit jedem Lastwechsel entzogen wird. Entsprechend handelt es sich bei der Dämpfungsenergie um die Dissipationsenergie E_δ und die zusätzliche plastische Energie ΔE_{pl} eines Lastwechsels. Dabei ist davon auszugehen, dass die Dissipationsenergie E_δ den Großteil der Dämpfungsenergie ausmacht.

Beim Dämpfungsverhalten von Beton kann nach (Dieterle 1981) zwischen Materialdämpfung und Strukturdämpfung unterschieden werden. Dabei beschreibt die Materialdämpfung jenes Dämpfungsverhalten, welches im Inneren eines Kontinuums stattfindet. Die Strukturdämpfung ergibt sich hingegen durch Prozesse an den Grenzflächen unterscheidbarer Partikel. Während in (Ali & Kesler 1965) und (Teichen 1968) bei beiden Dämpfungsarten zwischen einer Vielzahl von Phänomenen unterschieden wird, stellt *Dieterle* fest, dass es nicht möglich ist, einzelne Dämpfungsanteile den Phänomenen zuzuordnen. Aus seiner Sicht sind die flüssige Reibung sowie Plastifizierungseffekte aufseiten der Materialdämpfung und die trockene Reibung aufseiten der Strukturdämpfung maßgebend. Dabei bewirkt die flüssige Reibung durch Diffusion der physikalisch gebundenen Wassermoleküle eine viskose Dämpfung, die von der Beanspruchungsfrequenz abhängig ist. Zu Plastifizierungseffekten kann es sowohl im (als homogen angesehenen) Zementstein, als auch im inhomogenen Beton kommen. Im inhomogenen Beton kommt es zu diesen Effekten entlang der Grenzflächen zwischen Gesteinskörnern und Zementstein sowie im Bereich der Mikrorisse. Die Plastifizierungseffekte treten bereits im elastischen Beanspruchungsbereich aufgrund lokaler Spannungskonzentrationen auf (vgl. Kapitel 2.1.3.2). Bei der trockenen Reibung handelt es sich um die Coulombsche Reibung, die durch die Gleichung 2.5 beschrieben wird:

$$F_R = F_N \cdot \mu \qquad \text{Gl. 2.5}$$

Die Coulombsche Reibung entsteht durch Gleitbewegungen benachbarter Partikel. Die erforderlichen Relativbewegungen treten insbesondere entlang der Mikrorisse auf. Demnach beschreibt die Kraft F_R die Reibkraft, F_N die orthogonal auf den Riss wirkende Normalkraft und μ den Reibbeiwert. Zu beachten ist, dass die Normalkraft F_N von den lokalen Spannungszuständen abhängt, die wiederum von anderen vorhandenen oder neu entstehenden Mikrorissen abhängig sind. Da eine Erhöhung der Rissanzahl und der Rissflächen nicht automatisch eine geringere Normalspannungsbeanspruchung der Risse zur Folge hat, ergibt sich aus der Erhöhung eine Zunahme der Reibprozesse und der Dämpfung.

Als Dämpfung wird im Folgenden das Verhältnis von der während eines Lastzyklus dissipierten Energie E_δ zu der elastischen Energie E_{el} bezeichnet. Umfangreiche Untersuchungen von *Jordan* (Jordan 1980) an zylindrischen Betonprobekörpern haben verschiedene Einflüsse auf das Dämpfungsverhalten und die Dehnsteifigkeit bei zyklischer Druckschwellbeanspruchung ergeben:

- Bei einer Erhöhung der Mittelspannung σ_M und gleichbleibender Spannungsschwingbreite $\Delta\sigma$ wurden eine Verringerung der Dämpfung und eine Erhöhung der Dehnsteifigkeit festgestellt. Zu beachten ist, dass der untersuchte Spannungsbereich mit einer maximalen Mittelspannung von $\sigma_M = 4{,}5$ N/mm^2 sehr gering war.

- Eine Erhöhung der Spannungsschwingbreite $\Delta\sigma$ bei gleichbleibender Mittelspannung σ_M führt hingegen zu einer größeren Dämpfung und einer Verringerung der Dehnsteifigkeit.
- Je höher die in vorangegangenen Laststufen aufgebrachte maximale Spannung σ_O war, desto größer ist das Dämpfungsvermögen und desto kleiner ist die Dehnsteifigkeit eines Probekörpers.
- Größere Belastungsfrequenzen führen zu einer geringeren Dämpfung, jedoch zu keiner nennenswerten Veränderung der Dehnsteifigkeit bei einem Belastungszyklus.
- Insbesondere bei trocken gelagerten Probekörpern konnte eine Verringerung der Dämpfung mit zunehmender Lastwechselzahl N bei gleichbleibender Mittelspannung σ_M und Spannungsschwingbreite $\Delta\sigma$ festgestellt werden.
- Bei trocken gelagerten Probekörpern steigt das Dämpfungsvermögen mit zunehmendem Betonalter, während die Dehnsteifigkeit sinkt. Bei nass gelagerten Probekörpern ergeben sich hingegen ein kleineres Dämpfungsvermögen sowie eine größere Dehnsteifigkeit mit zunehmendem Betonalter.
- Insgesamt weisen trocken gelagerte Probekörper ein höheres Dämpfungsvermögen und eine geringere Dehnsteifigkeit gegenüber nass gelagerten Probekörpern auf.

Es muss jedoch festgehalten werden, dass es aufgrund der verschiedenen Dämpfungsanteile sowie des unterschiedlichen und überlagernden Einflusses von verschiedenen Parametern auch zu wechselseitigen Auswirkungen kommen kann. So ergeben die Untersuchungen in (Cole & Spooner 1968) im Gegensatz zu den Untersuchungen von *Jordan* für die nass gelagerten Probekörper die höheren Dämpfungswerte. Mit zunehmendem Betonalter verringert sich dabei sowohl für die trocken als auch für die nass gelagerten Probekörper das Dämpfungsvermögen. Der Einfluss der Spannungsschwingbreite $\Delta\sigma$ aus den Untersuchungen von *Jordan* stimmt hingegen mit den Auswertungen von *Cole und Spooner* und den Auswertungen aus (Mei et al. 2018) überein. Auch die steigenden Dämpfungen bei geringerer Prüffrequenz f_p konnten bereits von *Cole und Spooner* sowie *Mei et al.* insbesondere im Frequenzbereich $f_p < 2{,}5$ Hz festgestellt werden.

Im Weiteren werden die oben aufgeführten Ergebnisse von *Jordan* näher analysiert. Bei sechs der sieben beschriebenen Einflussparameter ergibt sich ein entgegengesetzter Einfluss auf das Dämpfungsverhalten verglichen mit der Dehnsteifigkeit. Erhöht sich die Dehnsteifigkeit, verringert sich die Dämpfung; im Falle einer Verringerung der Dehnsteifigkeit kommt es zu einer Erhöhung der Dämpfung. Entsprechend der Ausführungen in Kapitel 2.1.3.3 hängt die

Steifigkeitsdegradation eines Betons insbesondere mit der Entstehung und der Entwicklung der Mikrorisse im Betongefüge zusammen. Aus diesem Grund kommt *Jordan* zu dem Ergebnis, dass die von der Größe, Anzahl und Beschaffenheit der Mikrorisse abhängige Coulombsche Reibung hauptsächlich für die Dämpfung und somit für die Energiedissipation verantwortlich ist. Ein Zuwachs an Mikrorissen sorgt dabei für eine Erhöhung der Dämpfung und eine Verringerung der Dehnsteifigkeit.

So lassen sich auch die Einflüsse der oben beschriebenen Parameter auf das Dämpfungsverhalten des Betons mit der Entwicklung und Beschaffenheit der Mikrorisse begründen. Durch die Erhöhung der Mittelspannung σ_M bei gleichbleibender Spannungsschwingbreite $\Delta\sigma$ kommt es einerseits zu einer Erhöhung der Anzahl und der Größe der Mikrorisse, andererseits jedoch zu einem Schließen einzelner vorhandener Risse. Da die Dämpfung in den Untersuchungen abnahm, scheint Letzteres maßgebend zu sein. Es ist jedoch denkbar, dass bei einer Anpassung der Mittelspannung σ_M im höheren Spannungsbereich der Einfluss der Rissentwicklung überwiegt und es somit auch zu einer Erhöhung der Dämpfung kommt.

Durch eine Erhöhung der Spannungsschwingbreite $\Delta\sigma$ bei gleichbleibender Mittelspannung σ_M ergibt sich insbesondere durch die damit verbundene Erhöhung der Oberspannung σ_O eine Risszunahme. Dies lässt sich aus der Reduzierung der Dehnsteifigkeit schließen und bewirkt eine Zunahme der Dämpfung. Gleiches zeigt sich auch bei einem Vergleich der Belastungshistorie. Probekörper, die in der Vergangenheit mit einer größeren Oberspannung σ_O beansprucht wurden, weisen nach den Ausführungen in Kapitel 2.1.3.2 aufgrund dieser Maximalbelastung ein entsprechendes Mikrorissbild auf. Entsprechend ist die Dehnsteifigkeit bei Probekörpern, die in der Vergangenheit stärker beansprucht wurden geringer und die Dämpfung größer als bei Probekörpern, die in der Vergangenheit weniger stark beansprucht wurden.

Der Einfluss der Lastwechselzahl N bei gleichbleibender zyklischer Beanspruchung auf die Dämpfung kann ebenfalls mit der Coulombschen Reibung erläutert werden. Durch die wiederholte Reibung der Rissflächen kann es zu einem Abglätten dieser kommen, was zu einer Verringerung des Reibbeiwerts μ sowie der Dämpfung führt.

Der entgegengesetzte Einfluss des Betonalters bei trocken und nass gelagerten Probekörpern wird mit der stärker fortschreitenden Hydratation sowie dem geringeren Schwindverhalten bei nass gelagerten Probekörpern erklärt. So nimmt bei den nass gelagerten Proben sowohl die Druckfestigkeit als auch die Dehnsteifigkeit mit zunehmendem Betonalter zu. Untersucht wurden vier Monate alte sowie ein Jahr alte Probekörper. Bei den trocken gelagerten Probekörpern nehmen hingegen die Druckfestigkeit sowie die Dehnsteifigkeit mit zunehmendem Betonalter unter Umständen ab. Hier nehmen bei den untersuchten

Probekörpern offensichtlich die Schwindrisse aufgrund der hygrischen Inkompatibilität der Betonbestandteile zu. Aus der Zunahme der Mikrorisse bei den trocken gelagerten Probekörpern resultiert eine Zunahme beziehungsweise Vergrößerung der Dämpfung mit zunehmendem Betonalter. Durch die fortgeführte Hydratation bei den nass gelagerten Probekörpern ergibt sich eine Abnahme beziehungsweise Verringerung der Dämpfung mit zunehmendem Betonalter. Darüber hinaus geht *Jordan* von einem größeren viskosen Dämpfungsanteil bei den nass gelagerten Probekörpern aus. Auch die Abhängigkeit der Dämpfung von der Belastungsfrequenz begründet *Jordan* mit dem zeitabhängigen Verformungsverhalten und somit mit dem viskosen Dämpfungsanteil.

2.3.3 Bisherige Auswertungen der Dissipationsenergie

Eine detaillierte Auswertung der mit jedem Lastwechsel bei kraftgeregelten zyklischen Druckschwellversuchen dissipierten Energie E_δ ist nicht bekannt. In der Vergangenheit wurde sich zumeist auf die Veränderung der Hystereseform, das Dämpfungspotenzial oder die punktuelle Ermittlung der Dissipationsenergie E_δ für ausgewählte Lastwechsel beschränkt. Zu beachten ist jeweils die genaue Definition der Dissipationsenergie. Während in dieser Arbeit die Dissipationsenergie E_δ die von den Hysteresen eingeschlossene Energie beschreibt, befinden sich in der Literatur teilweise davon abweichende Definitionen. Die im Folgenden aufgeführten Angaben beziehen sich jedoch immer auf die in dieser Arbeit verwendete Definition der Dissipationsenergie E_δ.

Aufbauend auf den Verformungsuntersuchungen bei wiederholten Druckbeanspruchungen von *Mehmel* (Mehmel 1926) wurden in (Ban 1933) die Hystereseflächen im Spannungs-Dehnungsdiagramm analysiert. So konnte die in Kapitel 2.1.3.3 beschriebene Krümmungsumkehr bereits festgestellt werden. Eine quantitative Auswertung der Hystereseflächen und somit der während eines Lastwechsels dissipierten Energie E_δ hat jedoch nicht stattgefunden.

Die in (Mehmel & Kern 1962) und (Jinawath 1974) veröffentlichten Untersuchungen wurden kraftgeregelt durchgeführt. In regelmäßigen Abständen wurde die zyklische Untersuchung unterbrochen und die Hystereseflächen anhand eines gesonderten Lastzyklus mit deutlich geringerer Be- und Entlastungsgeschwindigkeit ermittelt. Daraus kann zwar auf das Dämpfungsvermögen der Probekörper geschlossen werden, jedoch nicht auf die während des tatsächlichen zyklischen Versuchs dissipierte Energie E_δ. Auch in (Jordan 1980) und (Mei et al. 2018) wurde der Schwerpunkt der Auswertung auf die von verschiedenen Einflüssen abhängende Dämpfungseigenschaft der Probekörper und nicht auf die während der zyklischen Versuche dissipierten Energiemenge E_δ gelegt.

Erste quantitative Auswertungen der Dissipationsenergie E_δ infolge zyklischer Druckschwellbeanspruchung wurden in (Spooner et al. 1976) aufgezeigt. Bei den ausgewerteten Versuchen handelt es sich um weggeregelte Versuche mit einer geringen Bruchlastwechselzahl N_f. Dabei konnte gezeigt werden, dass die Dissipationsenergie E_δ eines Lastwechsels sowohl von der Dehnungsamplitude als auch von der Gesamtdehnung der Probekörper abhängig ist.

Ein typischer qualitativer Verlauf der Dissipationsenergie E_δ je Lastwechsel wurde in (Do et al. 1993) analysiert und ist in Abbildung 2.26 dargestellt. Der Verlauf entstammt aus der Ermittlung der Hystereseflächeninhalte im Spannungs-Dehnungsdiagramm bei ausgewählten Lastwechseln während der kraftgeregelten Druckschwellversuche an verschiedenen Probekörpern. Eine absolute Größe der dissipierten Energie E_δ ist in den Ausführungen von *Do et al.* nicht angegeben.

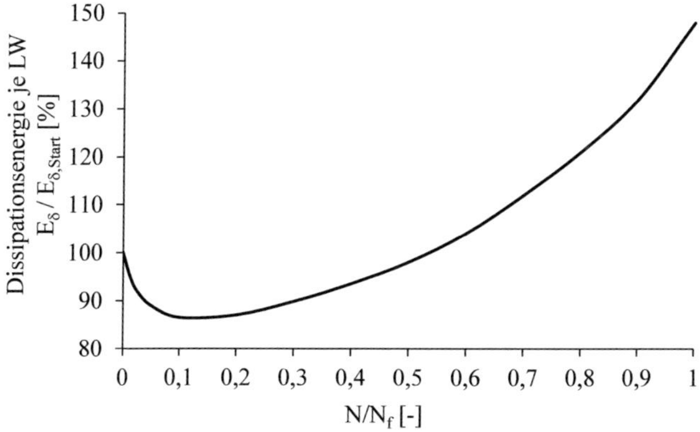

Abbildung 2.26: Typischer Verlauf der Dissipationsenergie E_δ je Lastwechsel, nach (Do et al. 1993)

Eine quantitative Auswertung der Hystereseflächen und somit der Dissipationsenergie E_δ einzelner Lastwechsel wurde in (von der Haar et al. 2016) veröffentlicht. Auch hier erfolgte die Ermittlung der dissipierten Energie E_δ für ausgewählte Lastwechsel von kraftgeregelten Druckschwelversuchen. Daraus ergaben sich wiederum Trendlinien der dissipierten Energie E_δ je Lastwechsel über die Versuchslaufzeit, die in etwa dem quantitativen Verlauf aus Abbildung 2.26 entsprechen. Bei der Auswertung zeigte sich ein Oberspannungseinfluss. Je höher die bezogene Oberspannung S_O, desto mehr Energie E_δ wird mit jedem Lastwechsel dissipiert. Außerdem wurde bei Versuchen mit der gleichen bezogenen

Oberspannung S_O bei einer Prüffrequenz von $f_p = 1$ Hz etwas mehr Energie E_δ je Lastwechsel dissipiert als bei einer Prüffrequenz von $f_p = 10$ Hz.

Neuere Untersuchungen bestätigen einerseits einige der oben aufgeführten Ergebnisse und zeigen andererseits weitere Einflussparameter auf die während eines Lastwechsels dissipierte Energie E_δ (Song et al. 2018a). Anzumerken ist, dass die Versuche mit einer niedrigen Prüffrequenz von $f_p = 0{,}4$ Hz und einer geringen Anzahl an Lastwechseln durchgeführt wurden. Für die Probekörper, bei denen es bereits bei der geringen Lastwechselzahl N zum Versagen kam, ergab sich ein U-förmiger Verlauf der dissipierten Energie E_δ gegenüber der Lastwechselzahl N. Zu Beginn nahm die während des jeweiligen Lastwechsels dissipierte Energie E_δ deutlich ab und stieg ab der Hälfte der Versuchsdauer wieder an. Die bei Dämpfungsuntersuchungen festgestellte Abhängigkeit von der Spannungsschwingbreite $\Delta\sigma$ konnte bestätigt werden. Je größer die Spannungsschwingbreite $\Delta\sigma$, desto mehr Energie E_δ wird während der einzelnen Lastwechsel dissipiert. Durch die Auswertungsergebnisse verschiedener Probekörper mit der gleichen Beanspruchung, jedoch verschiedener zyklischer Vorbelastung, konnte gezeigt werden, dass sich eine starke Vorbeanspruchung und damit einhergehend eine starke Vorschädigung in einer Erhöhung der Dissipationsenergie E_δ je Lastwechsel niederschlägt. Bei Versuchen mit konstanter bezogener Oberspannung S_O ergab sich ebenfalls ein Einfluss der vorherigen Beanspruchungen. Der mit geringeren Spannungsschwingbreiten $\Delta\sigma$ zyklisch vorbeanspruchte Probekörper hat bei gleicher Beanspruchung weniger Energie E_δ dissipiert als ein nicht zyklisch vorbelasteter Probekörper. Hier führten die vorangegangenen Lastzyklen somit zu einer Verringerung der Dissipationsenergie E_δ je Lastwechsel.

Der Verlauf der Dissipationsenergie E_δ je Lastwechsel des kraftgeregelten Druckschwellversuchs aus (Lei et al. 2017) unterscheidet sich von den vorangegangenen Verläufen deutlich. Auch hier basiert der Verlauf auf der Auswertung der Hystereseflächen von einzelnen Lastfällen. Wie die Abbildung 2.27 zeigt, ergibt sich zunächst ein leichter linearer Rückgang der mit jedem Lastwechsel dissipierten Energie E_δ. Mit der ersten Erhöhung der Oberspannung σ_O nach N = 1.000 Lastwechseln ergibt sich ein sprunghafter, aber kleiner Anstieg der Energiewerte. Anschließend kommt es bis zur zweiten Laststeigerung sowie zwischen der zweiten und der dritten Laststeigerung nach jeweils 1.000 zusätzlichen Lastwechseln zu einem konstanten Verlauf. Kurz vor dem Versagen steigt die Kurve bis zum Versagen überproportional an. Es zeigt sich somit auch hier eine Abhängigkeit der mit jedem Lastwechsel dissipierten Energie E_δ von der Spannungsamplitude $\Delta\sigma$.

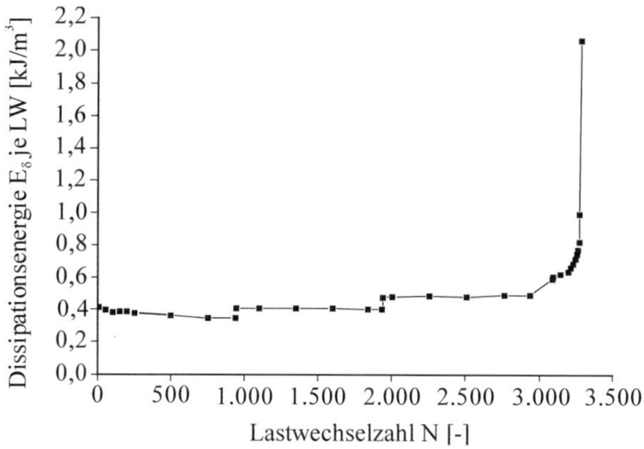

Abbildung 2.27: Dissipationsenergie E_δ je Lastwechsel mit ansteigenden Oberspannungsniveaus nach jeweils 1.000 Lastwechseln; $f_p = 5$ Hz, $S_U \approx 0{,}00$, $S_O = 0{,}80/0{,}83/0{,}85/0{,}88$, nach (Lei et al. 2017)

In weiteren Forschungsarbeiten wird der Verlauf der Dissipationsenergie E_δ bereits als Schädigungsindikator verwendet (Bode et al. 2019), (Otto et al. 2019), (Scheiden & Oneschkow 2019). Dabei scheinen sowohl der Betrag E_δ der Dissipationsenergie eines Lastwechsels als auch die Verlaufscharakteristik über die Versuchsdauer einen Hinweis auf den Schädigungsgrad zu liefern. Dies zeigen auch die beiden Verläufe für zwei Betonprobekörper mit unterschiedlicher Gesteinskörnung, jedoch mit gleicher Beanspruchung in Abbildung 2.28.

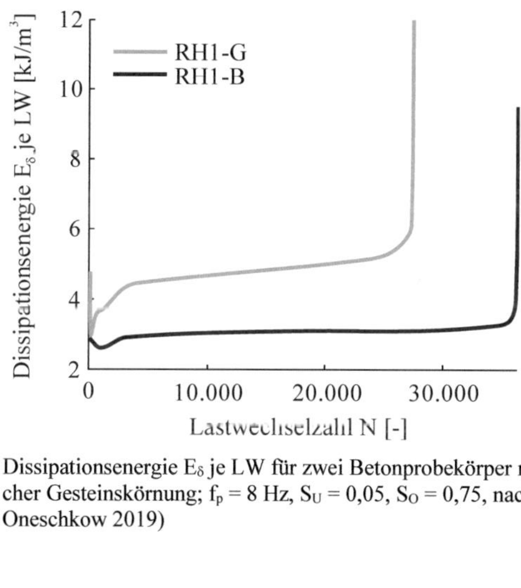

Abbildung 2.28: Dissipationsenergie E_δ je LW für zwei Betonprobekörper mit unterschiedlicher Gesteinskörnung; $f_p = 8$ Hz, $S_U = 0{,}05$, $S_O = 0{,}75$, nach (Scheiden & Oneschkow 2019)

Der Verlauf des schneller versagenden Probekörpers RH1-B liegt von Beginn an oberhalb des anderen Probekörpers und steigt darüber hinaus schneller an. Die Verläufe in (Otto et al. 2019) für Betone beziehungsweise Vergussmörtel mit unterschiedlichen Größtkorndurchmessern weisen darüber hinaus einen Materialeinfluss auf. Je kleiner das Größtkorn, desto mehr Energie E_δ wird mit jedem Lastwechsel dissipiert. Bei Probekörpern des gleichen Betons und der gleichen Beanspruchung zeigte sich ebenfalls, dass die Verläufe der schneller versagenden Probekörper stärker ansteigen. Anzumerken ist, dass die Verlaufscharakteristiken der Dissipationsenergie E_δ je Lastwechsel aus (Bode et al. 2019) und (Otto et al. 2019) vergleichbar mit der aus Abbildung 2.28 von *Scheiden & Oneschkow (Scheiden & Oneschkow 2019)* sind.

Diese Verläufe unterscheiden sich zum Teil jedoch deutlich von den qualitativen Verläufen früherer Untersuchungen (siehe Abbildung 2.26). Statt einem U-förmigen Verlauf ergibt sich eher ein dreiphasiger Verlauf entsprechend anderer bereits bekannter Schädigungsindikatoren (Kapitel 2.1.3.3). Nach einer deutlichen Veränderung zu Versuchsbeginn zeigt sich ein konstanter oder linearer Verlauf, bevor es kurz vor dem Versagen mit Eintritt in die dritte Phase bis zum tatsächlichen Versagen zu einem überproportionalen Anstieg der Dissipationsenergie E_δ je Lastwechsel kommt. Es wird vermutet, dass die unterschiedlichen Verläufe aus ungenauen Auswertungen in der Vergangenheit resultieren. Neben der schwierigen und daher oftmals ungenauen Auswertung einzelner Hystereseflächen lässt sich dies auch mit der geringen Anzahl der ausgewerteten Hystereseflächen bei früheren Untersuchungen begründen.

2.3.4 Energetische Schädigungsmodelle

In diesem Kapitel werden verschiedene Schädigungsmodelle von zyklischen Druckschwellversuchen, die auf dem energetischen Verhalten der Probekörper basieren, beschrieben. Auch hier stellt sich jeweils die Frage, ob das energetische Verhalten eine Auswirkung oder die Ursache der Schädigungsentwicklung ist.

Erstmalig äußerte *Ban* (Ban 1933) mit seiner Hypothese, dass die Energieaufspeicherung der Hysteresen für die Ermüdungsschädigung verantwortlich ist, einen Zusammenhang zwischen der vom Probekörper aufgenommenen Energie und der Schädigungsentwicklung. Dem widerspricht hingegen das in (Sinha et al. 1964) und (Karsan & Jirsa 1969) entwickelte Envelope-Konzept. Nach dem Envelope-Konzept versagt bei weggeregelten zyklischen Versuchen ein Probekörper, sobald dessen Spannungs-Dehnungslinie die des Versuchs unter monoton steigender Beanspruchung schneidet (siehe Abbildung 2.29).

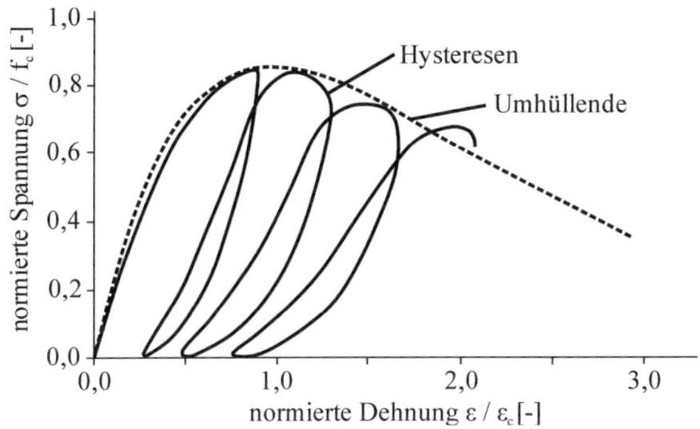

Abbildung 2.29: Darstellung des Envelope-Konzepts mit der Umhüllenden und den Hysteresen eines niederzyklischen Versuchs, nach (Sinha et al. 1964)

Demnach ist es laut dem Envelope-Konzept irrelevant, wie viel Energie ΣE_δ während der vorangegangenen Lastwechsel dissipiert wurde. Allerdings ergibt sich unter anderem aus den Untersuchungen von *Awad und Hilsdorf* (Awad & Hilsdorf 1971) ein Widerspruch zum Envelope-Konzept. Die resultierenden Spannungs-Dehnungsverläufe liegen außerhalb der Umhüllenden (≙ Envelope). Demnach erscheint dieses Konzept nicht allgemeingültig, zumal beanspruchungsgeschwindigkeitsabhängige Einflüsse wie das Kriechen nicht berücksichtigt werden. Nach (von der Haar 2016) liefert das Kriechen jedoch insbesondere bei kraftgeregelten zyklischen Versuchen mit hohen Lastwechselzahlen einen entscheidenden Beitrag zur Gesamtdehnung.

Auf Grundlage kraftgeregelter zyklischer Untersuchungen mit verschiedenen bezogenen Oberspannungen S_O stellten *Tepfers et al.* (Tepfers et al. 1984) die Hypothese auf, dass Probekörper eines Betons immer bei der gleichen während des Versuchs absorbierten Energie versagen.

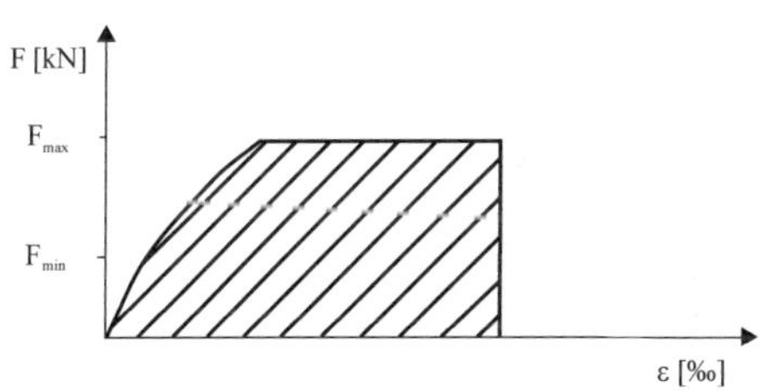

Abbildung 2.30: Darstellung der absorbierten Energie nach (Tepfers et al. 1984)

Definitionsgemäß handelt es sich bei der absorbierten Energie entsprechend der Abbildung 2.30 um alle drei in Kapitel 2.2 erläuterten Energieanteile. Anzumerken ist jedoch, dass aus messtechnischen Gründen die Dissipationsenergie E_δ der einzelnen Lastwechsel nicht ermittelt werden konnte und demnach in der Versuchsauswertung vernachlässigt wurde. Somit beschreibt die von *Tepfers et al.* ausgewertete absorbierte Energie während eines Versuchs lediglich die gesamte plastische Energie E_{pl} sowie die elastische Energie E_{el} des letzten Lastwechsels.

Einen weiteren Widerspruch zum Envelope-Konzept liefert auch das Schädigungsmodell aus (Pfanner 2003). *Pfanner* entwickelte sein Schädigungsmodell gestützt auf den Ergebnissen aus (Spooner & Dougill 1975), wonach die vom Probekörper aufgenommene Energie nur zum Teil der Schädigung zugeordnet werden kann. Der Großteil der Dissipationsenergie E_δ wird stattdessen durch die in Kapitel 2.3.2 beschriebenen Dämpfungsprozesse aufgebraucht. Demnach werden im Modell von *Pfanner* die in Kapitel 2.2 beschriebenen plastischen und elastischen Energieanteile E_{pl} und E_{el} als schädigungswirksamer Anteil der vom Probekörper aufgenommenen Energie erachtet. Aus dem Vergleich mit der Bruchenergie eines Versuchs mit monoton steigender Beanspruchung ergibt sich das Schädigungskriterium. Die Spannungs-Dehnungslinie unter monoton steigender Beanspruchung als Basis der Modellüberlegungen entstammt dabei aus dem Materialmodell von *Pölling* (Pölling 2000). Zum Versagen des Probekörpers kommt es, wenn entsprechend Abbildung 2.31 die Flächen A_1 und A_2 gleich groß sind. Die Fläche A_1 beschreibt dabei den Energieanteil, der oberhalb der zyklischen Oberspannung σ_O und unterhalb der umhüllenden Spannungs-Dehnungslinie infolge der monoton steigenden Beanspruchung liegt. Bei der Fläche A_2 handelt es sich um die infolge der zyklischen Beanspruchung vom Probekörper aufgenommene plastische und elastische Energie ab dem Schnittpunkt der beiden Spannungs-Dehnungslinien.

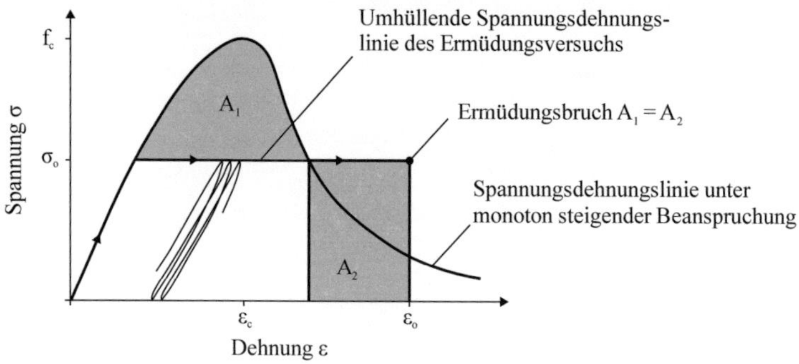

Abbildung 2.31: Schädigungsmodell von *Pfanner*, nach (Pfanner 2003)

Die in (von der Haar & Marx 2017) veröffentlichten Untersuchungen haben ergeben, dass die um die thermischen und viskosen Dehnungsanteile bereinigten Bruchdehnungen aus den zyklischen Versuchen den Bruchdehnungen infolge monoton steigender Beanspruchung bei kraftgeregelten Versuchen entsprechen. Diese Ergebnisse stehen demnach sowohl im Widerspruch zu dem Envelope-Konzept als auch zum Schädigungskonzept nach *Pfanner*. Für beide Konzepte beziehungsweise Modelle hätten sich größere Bruchdehnungen für die zyklischen Versuche ergeben müssen.

Ein in (Heek & Mark 2016) entwickeltes Modell zur Ermittlung der Bruchlastwechselzahlen N_f basiert neben dem Spannungsniveau und dem Spannungsverhältnis R ebenfalls auf einem Maß für die Materialduktilität. Die Ermittlung dieser Materialduktilität ist wiederum energiebasiert und resultiert aus dem Verhältnis zwischen der elastischen Verformungsarbeit und der gesamten Verformungsarbeit. In (Heek & Mark 2019) wurde das entsprechende Modell auf mehraxiale und mehrstufige Ermüdungsversuche erweitert.

In (Lei et al. 2017) wird die Hypothese aufgestellt, dass Probekörper versagen, sobald eine bestimmte über die Lastwechsel kumulierte Dissipationsenergie ΣE_δ erreicht wird. Der kritische kumulierte Dissipationsenergiewert ΣE_δ ist vom Beton, jedoch nicht von dem Beanspruchungsniveau und der Lastwechselzahl N abhängig. Entsprechend der Ausführungen in Kapitel 2.3.3 beschreiben *Lei et al.* den Verlauf der Dissipationsenergie E_δ je Lastwechsel über die Versuchslaufzeit als weitestgehend konstant. Somit kann nach *Lei et al.* über die Gleichung 2.6 auf die Bruchlastwechselzahl N_f geschlossen werden.

$$N_f = \frac{\sum E_\delta}{E_{\delta,i}} \qquad \text{Gl. 2.6}$$

Betrachtet man hingegen weitere in Kapitel 2.3.3 dargestellte Verläufe der mit jedem Lastwechsel dissipierten Energie E_δ, zeigt sich bereits ein Widerspruch zur Bestimmung der Bruchlastwechselzahl N_f über die dissipierte Energie E_δ nach *Lei et al.*. Durch den in (Scheiden & Oneschkow 2019) beschriebenen nicht konstanten Verlauf ist die Grundlage der Gleichung 2.6 nicht mehr gegeben.

Insgesamt erscheint es schwierig über die Dissipationsenergie E_δ auf die Schädigung zu schließen. Während es in der Vergangenheit einerseits messtechnisch nicht möglich war die Dissipationsenergie E_δ während High-Cycle Fatigue Versuchen zu bestimmen, wurde andererseits meistens kein direkter Zusammenhang zwischen Schädigung und Dissipationsenergie E_δ gezogen. Nach *Spooner & Dougill* beschreibt die Dissipationsenergie E_δ weniger die Schädigung, sondern hauptsächlich die Dämpfung der Betonprobekörper (Spooner & Dougill 1975). *Song et al.* (Song et al. 2018b) schließen aufgrund der geringen Werte der mit einem Lastwechsel dissipierten Energie E_δ auf der Dissipationsenergie basierende Schädigungsmodelle sogar grundsätzlich aus.

2.4 Reibung von Beton

In verschiedenen Publikationen wird die innere Reibung als Ursache für die Probekörpererwärmung angesehen ((Whaley 1971), (Elsmeier 2019)). Da die Probekörpererwärmung nach der Hypothese von *Teichen* (Teichen 1968) und den Ergebnissen aus (von der Haar et al. 2016) wiederum von der Dissipationsenergie E_δ abhängt, werden in diesem Kapitel Erkenntnisse aus Untersuchungen der Reibung von Betonoberflächen sowie zwischen den Betonbestandteilen zusammengefasst. Im weiteren Verlauf dieser Arbeit soll analysiert werden, inwieweit sich die Erkenntnisse auf innere Reibprozesse entlang der Korngrenzen, Poren und Mikrorisse übertragen lassen. Abschließend gilt es zu überprüfen, inwieweit damit die unterschiedlichen Verläufe der mit jedem Lastwechsel eines Ermüdungsversuchs dissipierten Energie E_δ begründet werden können.

Gemäß der aktuellen Normung (DIN EN 1992-1-1) hängt der Reibwiderstand zwischen Betonschichten neben der Normalspannung insbesondere vom Einfluss der Oberflächenbeschaffenheit auf den Reibbeiwert μ ab. Während bei sehr glatten Fugen ein Reibbeiwert von $\mu = 0{,}5$ angesetzt werden kann, ergibt sich für raue Oberflächen ein Reibbeiwert von $\mu = 0{,}7$ und von $\mu = 0{,}9$ für verzahnte Fugen. Den Einfluss der Rauheit zeigen auch die Versuchsergebnisse aus (El-Tornachi 2003). Die Versuche wurden an schalungsrauen und aufgerauten Betonoberflächen durchgeführt. Für die Versuche wurde jeweils eine neue Betonschicht auf die definierte Oberfläche des Altbetons betoniert und nach Aushärtung der Schubwiderstand der Betonierfuge untersucht. Dabei ergaben sich für die Probekörper mit der aufgerauten Oberfläche etwa um 50 Prozent größere Reibbeiwerte μ als bei den Probekörpern mit der unbehandelten schalungsrauen, also glatteren Oberfläche. Untersuchungen mit verschiedenen Zuschlagssieblinien ergaben hingegen keinen Einfluss auf den Reibbeiwert μ.

Waubke und Weiß führten ebenfalls Reibuntersuchungen an Betonoberflächen durch (Waubke & Weiß 1979). Dabei wurden zwei Betonplatten plangeschliffen und mit einer definierten Normalspannung aufeinander gedrückt. Anschließend wurde durch eine monoton steigende Schubbeanspruchung der Schubwiderstand der Fuge untersucht. Die Versuche wurden für verschiedene Betonplatten, die sich hinsichtlich der Materialfeuchtigkeit unterschieden, durchgeführt. Dabei wurden sämtliche Platten mehrfach und mit unterschiedlich großer Normalspannung untersucht. Dabei ergaben die Untersuchungen an wassergesättigten sowie an unter Normklima bei T = 20°C und $\rho_L = 65\%$ relativer Luftfeuchte gelagerten Betonprobekörpern gleichbleibende Reibbeiwerte μ für die sich wiederholenden Versuche unter verschiedenen Normalspannungen. Der

Reibbeiwert μ der wassergesättigten Proben lag dabei etwa 20 Prozent höher als bei den trocken gelagerten Platten. Weitere Versuche wurden an wassergelagerten, jedoch wieder getrockneten Betonplatten durchgeführt. Es zeigte sich dabei bereits bei dem ersten Reibvorgang ein geringerer Reibbeiwert μ als bei den feuchten Betonplatten. Darüber hinaus zeigte sich ein stetiger Rückgang des Reibbeiwerts μ mit der Anzahl der wiederholten Reibvorgänge. Die Autoren begründen dies mit Wasserkristallen, die sich infolge der Austrocknung sichtbar auf den Plattenoberflächen gebildet hatten. Im Rahmen der wiederkehrenden Reibvorgänge konnte ein Abglätten dieser Kristalle beobachtet und somit die Verringerung des Reibbeiwerts μ begründet werden.

Tassios & Vintzelou kommen zu ähnlichen Untersuchungsergebnissen (Tassios & Vintzelou 1987). Die Ergebnisse beruhen auf Untersuchungen an jeweils drei Betonprismen, die aus einem Betonblock kontrolliert herausgebrochen wurden. Dabei wurden die Prismen wieder mit den zusammengehörigen Bruchkanten aufeinander gestellt und mit einer aufgebrachten Normalspannung zusammengehalten. Die rauen, gebrochenen Oberflächen mit den entsprechenden Erhöhungen und Vertiefungen passten somit direkt aufeinander. Für weitere Versuche wurden die gebrochenen Oberflächen vor Versuchsbeginn plangeschliffen. Durch eine monoton steigende Kraft auf die Seitenflächen des mittleren Prismas wurde der Schubwiderstand der beiden Kontaktfugen ermittelt. Darüber hinaus wurden zyklische Versuche des Schubverhaltens der Kontaktfugen durchgeführt. Die Belastung wurde verformungsgeregelt aufgebracht. Ein Lastzyklus bestand dabei aus einer aufgebrachten Verschiebung bis zu einem bestimmten Wert in die eine Richtung und einer daran anschließenden Verschiebung in entgegengesetzter Richtung über den Ausgangspunkt hinaus bis zum betragsmäßig gleichen Verschiebungswert. Während der Reibbeiwert μ der geschliffenen Oberflächen nicht durch die sich wiederholenden Reibvorgänge beeinflusst wurde, ergab sich für die rauen, gebrochenen Oberflächen eine Verringerung der Reibbeiwerte μ mit zunehmenden Wiederholungen des Reibvorgangs (Abbildung 2.32). Begründet wurde dies durch den einsetzenden Verschleiß und dadurch mit dem Abglätten der Oberfläche.

Neben dem Rückgang des Reibbeiwerts μ ergab sich mit zunehmender Lastwechselzahl N ebenfalls eine Verringerung der Hystereseflächeninhalte der Schubspannungs-Dehnungslinien eines Belastungszyklus, die die Reibenergie beschreiben. Die deutlichste Verringerung der durch Reibung dissipierten Energie E_δ ergab sich zwischen dem ersten und zweiten Belastungszyklus.

Einen wesentlichen Beitrag zum inneren Tragverhalten von Beton liefert nach *Taylor und Broms* die Haftreibung (Taylor & Broms 1964). In ihren Untersuchungen wurden Probekörper mit einer diagonal zur Beanspruchungsrichtung einbetonierten Platte aus Gesteinskörnern mit einer monoton steigenden Beanspruchung belastet. Die eingesetzten Platten bestanden an ihren Oberflächen nahezu ausschließlich aus der Gesteinskörnung. Die genaue Herstellung sowie ein detaillierter Aufbau dieser Platten gehen aus der Veröffentlichung nicht hervor. Ziel der Versuche war die Untersuchung des Schubverbundverhaltens an der Grenzfläche zwischen Gesteinskörnung und Zementstein. Dabei konnte festgestellt werden, dass die Kohäsion verglichen mit der Haftreibung nur einen relativ geringen Beitrag zum Schubverbundverhalten leistet. Anschließend wurde die Mikrorissverteilung in zylindrischen Probekörpern analysiert. Dadurch ergab sich eine Übertragbarkeit von dem Schubverbundverhalten zwischen den Gesteinskörnungsplatten und dem Beton auf das Schubverbundverhalten der Grenzflächen zwischen Gesteinskörnung und dem Zementstein im Inneren von Betonprobekörpern. Somit konnte gezeigt werden, dass die Haftreibung einen entscheidenden Beitrag zum inneren Tragverhalten im Beton leistet. Übersteigen die Einwirkungen den Schubverbundwiderstand der Grenzflächen, bilden sich Mikrorisse. Bei weitergehender oder sich wiederholender Beanspruchung kann es anschließend zu Reibvorgängen und Verschiebungen der Rissflächen kommen.

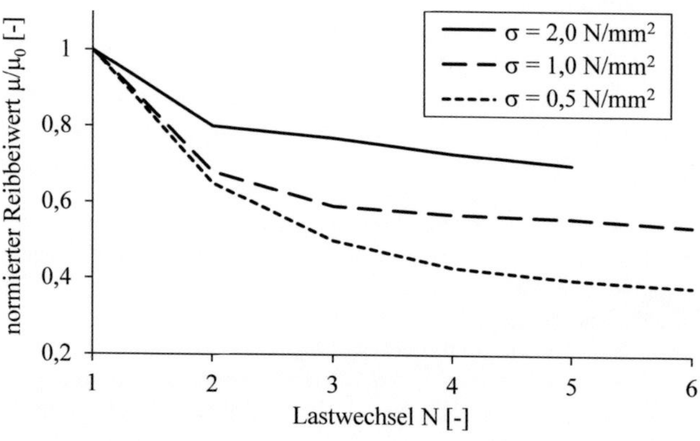

Abbildung 2.32: Verringerung des Reibbeiwerts μ durch Wiederholung des Reibvorgangs für verschiedene Normalspannungen σ, nach (Tassios & Vintzelou 1987)

3 Eigene Voruntersuchungen

3.1 Beschreibung der experimentellen Untersuchungen

3.1.1 Versuchskonzept

Für eine gezielte Auswertung der verschiedenen Energieanteile bei druckschwellbeanspruchten Ermüdungsversuchen wurden experimentelle Untersuchungen durchgeführt. Ziel der Auswertungen war die Bestimmung der einzelnen in Kapitel 2.2 beschriebenen Energieanteile sowie die Analyse der Zusammenhänge zwischen den einzelnen Energieanteilen und der Probekörpererwärmung sowie der Schädigungsentwicklung.

Die für die Untersuchungen herangezogene Versuchsreihe ZA besteht aus insgesamt 33 zylindrischen Betonprobekörpern der Druckfestigkeitsklasse C55/67 mit einer Höhe von h = 300 mm und einem Durchmesser von d = 100 mm. Die Bestimmung der Druckfestigkeitsklasse erfolgte an fünf weiteren zylindrischen Probekörpern, die mit der gleichen Betoncharge hergestellt wurden. Die Abmessungen dieser Probekörper betrugen d = 150 mm und h = 300 mm. Verwendet wurde ein Portlandzement CEM I 52,5 R und eine quarzitische Gesteinskörnung mit einem Größtkorn von d_G = 8 mm. Der w/z-Wert des Betons betrug w/z = 0,50. Die Probekörper wurden nach 24 Stunden ausgeschalt und lagerten anschließend für 6 Tage unter Wasser. Daran anschließend wurden die Probekörper in einem Klimaraum bei einer Temperatur von T_L = 20°C und einer relativen Luftfeuchtigkeit von ρ_L = 65% gelagert. Um zu verhindern, dass es infolge der zu erwartenden Erwärmung während der folgenden zyklischen Versuche zu weiteren Materialumwandlungen infolge der erhöhten Temperatur kommt, wurden die Probekörper nach 28 Tagen in einem Trocknungsofen bei einer Temperatur von 105 °C bis zur Massenkonstanz getrocknet.

Nach 140 Tagen wurde mit sechs kraftgeregelten Versuchen unter monoton steigender Belastung die Referenzfestigkeit f_{ref} der zylindrischen Probekörper bestimmt. Bei diesen sechs Versuchen wurde mit $f_{cm,140d} = f_{ref}$ = 55,73 N/mm² eine geringere Druckfestigkeit im Vergleich zu der an fünf Probekörpern ermittelten Druckfestigkeit nach 28 Tagen von $f_{cm,28d}$ = 64,93 N/mm² ermittelt. Außerdem war die Streuung der Einzelwerte nach 140 Tagen mit einer Standardabweichung von $s_{fc,140d}$ = 4,36 N/mm² im Vergleich zur Standardabweichung nach 28 Tagen $s_{fc,28d}$ = 1,23 N/mm² deutlich größer. Da ein Chargeneinfluss ausgeschlossen werden kann und die optische Überprüfung der Probekörper auch keinerlei Auffälligkeiten ergab, ist davon auszugehen, dass es aufgrund der Temperaturwechsel während der Erwärmung sowie während der Abkühlung der Probekörper im Trocknungsofen zu unterschiedlich ausgeprägten Vorschädigungen der Probekörper gekommen sein muss.

Neben den Druckfestigkeitsversuchen wurden einstufige Wöhlerversuche mit sinusförmigen Belastungsfunktionen auf einer servohydraulischen 2,5-MN-Universalprüfmaschine durchgeführt. Während der gesamten Versuchsserie betrug das bezogene Unterspannungsniveau $S_U = 0{,}05$. Die Versuche wurden entsprechend Tabelle 3-1 auf bezogenen Oberspannungsniveaus zwischen $S_O = 0{,}60$ und $S_O = 0{,}80$ mit den Prüffrequenzen $f_p = 2$ Hz und $f_p = 8$ Hz durchgeführt.

Tabelle 3-1: Versuchsprogramm der eigenen Untersuchungen

S_O	0,80	0,75	0,70	0,65	0,60	0,80	0,75	0,70	0,65	
S_U	0,05	0,05	0,05	0,05	0,05	0,05	0,05	0,05	0,05	stat.
f_p	8 Hz	8 Hz	8 Hz	8 Hz	8 Hz	2 Hz	2 Hz	2 Hz	2 Hz	
Anz.	3	3	3	3	3	3	3	3	3	6

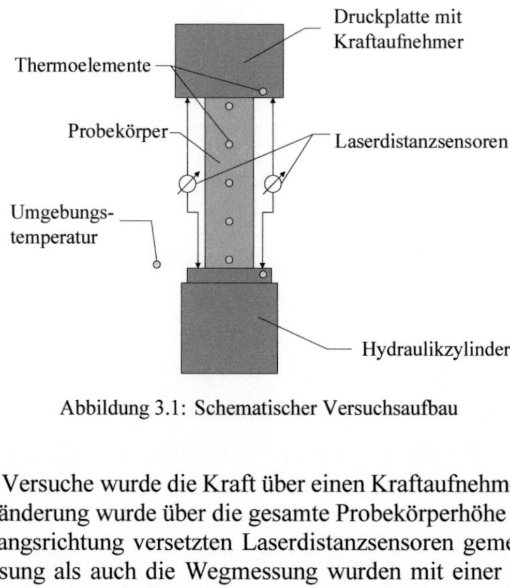

Abbildung 3.1: Schematischer Versuchsaufbau

Während der Versuche wurde die Kraft über einen Kraftaufnehmer aufgezeichnet. Die Wegänderung wurde über die gesamte Probekörperhöhe mit drei um je 120° in Umfangsrichtung versetzten Laserdistanzsensoren gemessen. Sowohl die Kraftmessung als auch die Wegmessung wurden mit einer Messfrequenz von $f_{mess} = 300$ Hz durchgeführt. Die Probekörpertemperatur wurde mit fünf über der Probekörperhöhe verteilten und mit Klebeband auf der Oberfläche befestigten Thermoelementen des Typs T gemessen. Außerdem wurden für die Kerntemperatur zusätzlich zwischen ein und drei Thermoelemente des Typs T in der Zylindermitte angebracht. Dafür wurden Löcher mit einem Durchmesser von $d_B = 2$ mm gebohrt, in die die Thermoelemente eingeführt wurden. Anschließend wurden die Bohrlöcher mit einem schnellhärtenden Klebstoff vollflächig verschlossen. Die Beobachtungen während der zyklischen Versuche sowie die Begutachtung der Bruchbilder ergaben keinerlei Auffälligkeiten, die auf einen Schädigungseinfluss durch die Bohrlöcher hätten schließen lassen können. Weiterhin wurden die Temperaturen der unteren und oberen Druckplatte sowie die der Probekörper umgebenden Luft messtechnisch erfasst. Zusätzlich wurde die Temperaturverteilung auf der Oberfläche mithilfe einer Thermografiekamera aufgezeichnet. Ein schematischer Versuchsaufbau kann der Abbildung 3.1 entnommen werden.

3.1.2 Resultierende Bruchlastwechselzahlen

Die Wöhlerdarstellung in Abbildung 3.2 sowie die Tabelle 3-2 zeigen für die verschiedenen bezogenen Oberspannungsniveaus S_O und Prüffrequenzen f_p die ermittelten Bruchlastwechselzahlen N_f.

Die Bezeichnung sowie die Nummerierung der Probekörper resultiert lediglich aus der Versuchsvorbereitung und Versuchsdurchführung. Für die Auswertungen ergeben sich daraus keine besonders zu berücksichtigenden Probekörperunterschiede. Bei den Bezeichnungen der Bruchlastwechselzahlen mit dem Zusatz „DL“ handelt es sich nicht um die tatsächliche Bruchlastwechselzahl N_f, sondern um die Lastwechselzahl N_{Gr} am Versuchsende. Bei diesen Probekörpern hat kein Versagen stattgefunden. In Abbildung 3.2 sind die entsprechenden Datenpunkte mit einem Pfeil gekennzeichnet.

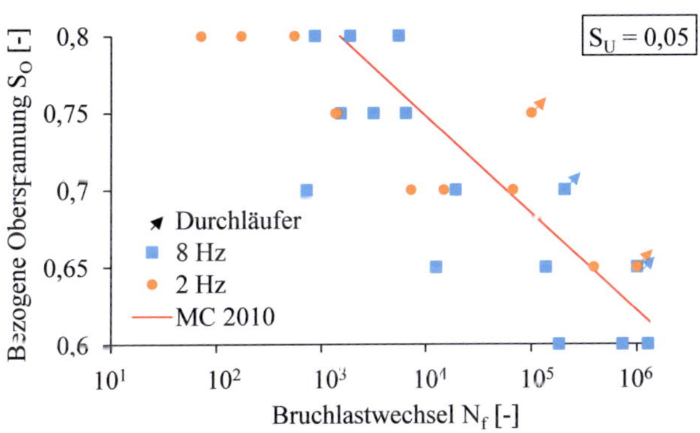

Abbildung 3.2: Wöhlerdarstellung der zyklischen Versuchsergebnisse

Tabelle 3-2: Bruchlastwechselzahlen N_f der Probekörper

PK	S_O [-]	S_U [-]	f_p [Hz]	N_f [-]
ZA2.4	0,80	0,05	8	858
ZA3.4	0,80	0,05	8	1.870
ZA5.3	0,80	0,05	8	5.490
ZA1.5	0,75	0,05	8	1.517
ZA2.5	0,75	0,05	8	3.138
ZA2.6	0,75	0,05	8	6.418
ZA1.7	0,70	0,05	8	19.246
ZA3.7	0,70	0,05	8	717
ZA4.5	0,70	0,05	8	DL: 206.640
ZA2.10	0,65	0,05	8	136.138
ZA3.9	0,65	0,05	8	12.516
ZA1.10	0,65	0,05	8	DL: 1.000.000
ZA3.1	0,60	0,05	8	1.272.908
ZA2.11	0,60	0,05	8	182.710
ZA1.12	0,60	0,05	8	730.335
ZA1.6	0,80	0,05	2	541
ZA3.5	0,80	0,05	2	168
ZA5.4	0,80	0,05	2	67
ZA3.6	0,75	0,05	2	1.352
ZA4.4	0,75	0,05	2	DL: 100.000
ZA2.7	0,75	0,05	2	1.400
ZA1.8	0,70	0,05	2	67.005
ZA2.8	0,70	0,05	2	14.739
ZA2.9	0,70	0,05	2	7.193
ZA3.8	0,65	0,05	2	DL: 1.000.000
ZA4.6	0,65	0,05	2	DL: 1.000.000
ZA1.2	0,65	0,05	2	385.614

Während auf dem bezogenen Oberspannungsniveau $S_O = 0{,}80$ die mit einer Prüffrequenz von $f_p = 8$ Hz getesteten Probekörper einen größeren Ermüdungswiderstand aufweisen als die mit einer Prüffrequenz von $f_p = 2$ Hz getesteten Probekörper, scheint diese Tendenz bei geringeren Oberspannungsniveaus und somit größeren Bruchlastwechselzahlen N_f nicht mehr vorhanden zu sein, sich gegebenenfalls sogar umzudrehen. Somit zeigen auch diese Ergebnisse einen von der bezogenen Oberspannung S_O abhängigen Frequenzeinfluss, der nach den Ausführungen in Kapitel 2.1.1 bereits in verschiedenen Untersuchungen festgestellt und analysiert wurde.

Insgesamt weisen die ermittelten Bruchlastwechselzahlen N_f eine große Streuung auf. Diese Streuung lässt sich ebenfalls mit den zuvor beschriebenen Vorschädigungen infolge der Erwärmung und Abkühlung der Probekörper während des Trocknungsprozesses erklären. Da bereits die Druckfestigkeitswerte $f_{c,i}$ bei der Ermittlung der Referenzfestigkeit f_{ref} große Streuungen aufwiesen, muss davon ausgegangen werden, dass auch die Druckfestigkeitswerte $f_{c,i}$ der für die zyklischen Versuche verwendeten Probekörper zum Teil deutlich voneinander sowie von der Referenzfestigkeit f_{ref} abweichen. Entsprechend sind die angesetzten bezogenen Oberspannungsniveaus S_O nach Tabelle 3-1 nicht exakt zutreffend. In Abhängigkeit von der tatsächlichen Druckfestigkeit $f_{c,i}$ der verschiedenen Probekörper, wurden sie auf von der Versuchsplanung abweichenden Lastniveaus getestet. Da die tatsächlichen Druckfestigkeiten $f_{c,i}$ der zyklisch getesteten Probekörper unbekannt sind, lassen sich auch die tatsächlichen bezogenen Spannungsniveaus S_U und S_O nicht nachträglich bestimmen. Aus diesem Grund sind die angegebenen Spannungsniveaus S_U und S_O der zyklischen Versuche als ursprünglich geplante Spannungsniveaus und nicht als exakte Spannungsniveaus anzusehen. Die folgenden Auswertungen werden daher unabhängig von den Spannungsniveaus durchgeführt. Stattdessen kann durch die erreichten Bruchlastwechselzahlen N_f auf eine breite Streuung der exakten, probekörperspezifischen Beanspruchungen geschlossen werden. Dadurch entstehen für die folgenden auf die Bruchlastwechselzahlen N_f und somit auf die Schädigungsentwicklung bezogenen Auswertungen eine Vielzahl an Stützstellen (siehe u.a. Abbildung 3.4).

3.2 Korrelation zwischen der Probekörpererwärmung und dem Schädigungsprozess

Die Untersuchungen in (Bode & Marx 2019a) haben eine Korrelation zwischen der Probekörpererwärmung und dem Schädigungsprozess bei zyklischen Versuchen aufgezeigt. Der in Kapitel 2.1.3.3 beschriebene dreiphasige Verlauf konnte sowohl bei der Dehnung als auch bei der Temperaturerhöhung der Probekörper festgestellt werden. Abbildung 3.3 zeigt die Verläufe der maximalen Probekörperdehnung ε_O sowie der Temperaturerhöhung ΔT im Kern des Probekörpers ZA3.1 über die Lastwechselzahl N.

Beide Verläufe weisen eindeutig den beschriebenen dreiphasigen Verlauf auf. Lediglich die erste Phase der Temperaturerhöhung ΔT erstreckt sich über einen längeren Zeitraum im Vergleich zur Dehnung ε_O. Der Beginn der Phase 3, die für das instabile Risswachstum sowie für die Vereinigung von Rissen vor dem Bruch steht, stimmt für beide Verläufe überein. Dass die Temperaturerhöhung ΔT erst später die Phase 2 und somit einen nahezu konstanten Wert erreicht, beruht auf dem zusätzlichen Einfluss der Wärmeabgabe vom Probekörper an die Umgebung. Die Wärmeabgabe ist linear abhängig von der Temperaturdifferenz zwischen dem Probekörper und seiner Umgebung. Selbst wenn die Wärmeerzeugung je Lastwechsel bereits zuvor konstant ist, erwärmt sich der

Probekörper so lange bis der stationäre Zustand und somit ein Gleichgewicht zwischen Wärmeerzeugung und Wärmeabgabe erreicht ist.

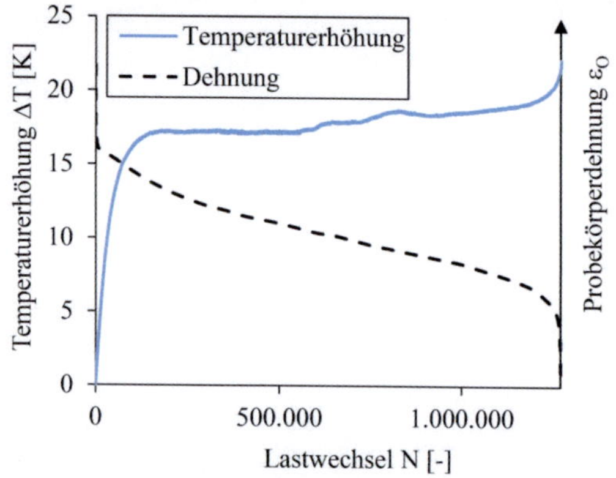

Abbildung 3.3: Vergleich des Dehnungsverlaufs mit dem Verlauf der Temperaturerhöhung ΔT im Kern des Probekörpers ZA3.1; $f_p = 8$ Hz, $S_O = 0{,}60$, $S_U = 0{,}05$, $N_f = 1.272.861$, nach (Bode & Marx 2019a)

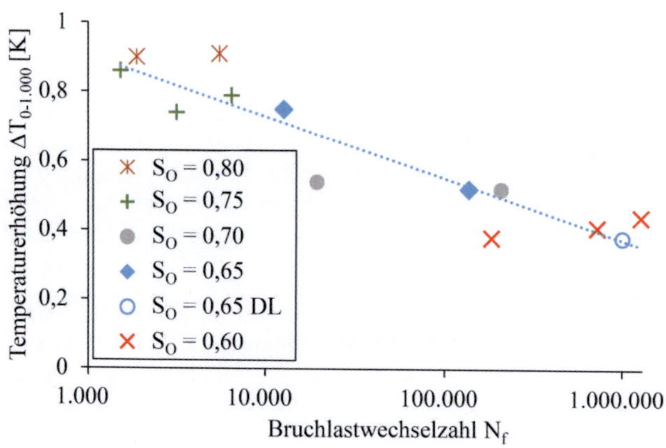

Abbildung 3.4: Korrelation zwischen der Probekörpererwärmung während der ersten $N = 1.000$ Lastwechsel und der Bruchlastwechselzahl N_f für Versuche mit $S_U = 0{,}05$, $f_p = 8$ Hz, nach (Bode & Marx 2019a)

Eine weitere Korrelation zeigt sich beim Vergleich der Probekörpererwärmung zu Versuchsbeginn mit der jeweiligen Bruchlastwechselzahl N_f des Probekörpers. Ein entsprechender Vergleich ist für Versuche mit einer Prüffrequenz von $f_p = 8$ Hz, einem bezogenen Unterspannungsniveau von $S_U = 0{,}05$ und unterschiedlichen bezogenen Oberspannungsniveaus S_O in Abbildung 3.4 dargestellt. Es ist jeweils die Temperaturerhöhung $\Delta T_{0\text{-}1000}$ während der ersten 1.000 Lastwechsel in Bezug zur Bruchlastwechselzahl N_f des jeweiligen Probekörpers dargestellt. Es zeigt sich eindeutig, dass Probekörper, die sich zu Versuchsbeginn stärker erwärmen, eine geringere Bruchlastwechselzahl N_f aufweisen und entsprechend einen schnelleren Schädigungsverlauf besitzen.

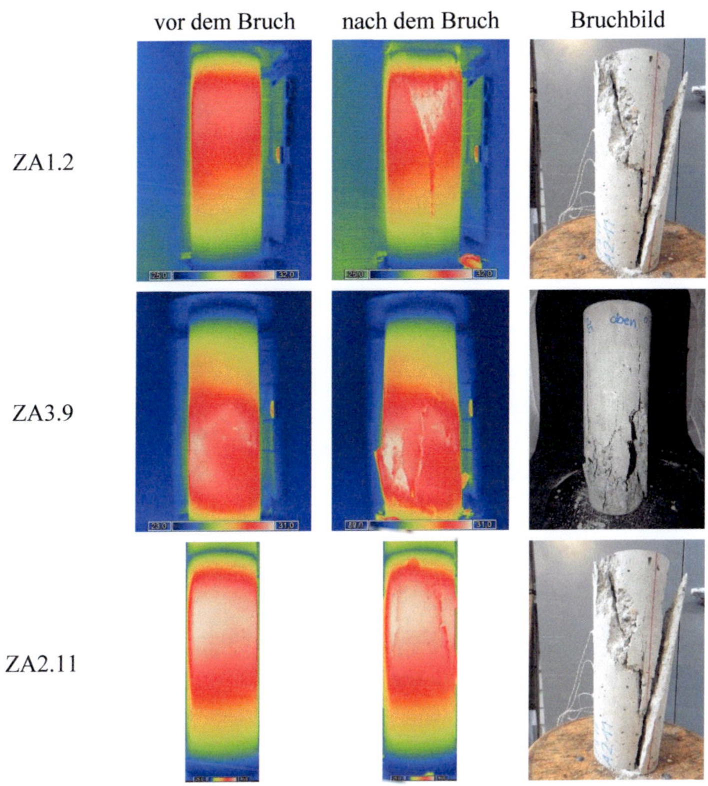

Abbildung 3.5: Vergleich zwischen den Temperaturverteilungen und den Bruchbildern für drei Probekörper, nach (Bode & Marx 2019a)

Als dritter Punkt zur Untersuchung der Korrelation zwischen dem Schädigungsprozess und der Probekörpererwärmung dient der Vergleich zwischen den Temperaturverteilungen und den Bruchbildern für drei ausgewählte Probekörper in Abbildung 3.5. Dargestellt sind für drei Probekörper die mithilfe einer Thermografiekamera aufgezeichneten Temperaturverteilungen unmittelbar vor und unmittelbar nach dem Versagen sowie die Bruchbilder der Probekörper. Dabei ist zu erkennen, dass das Versagen in der Regel an dem Ort mit der größten Oberflächentemperatur eintritt. Auch bei allen weiteren Probekörpern ist die beschriebene Tendenz signifikant.

Auch aus den Verläufen der Temperaturerhöhung ΔT_O (5 cm oberhalb der mittleren Höhe), ΔT_M (mittlere Höhe) und ΔT_U (5 cm unterhalb der mittleren Höhe) im Kern des Probekörpers ZA1.2 in Abbildung 3.6 ist der Zusammenhang zwischen der Probekörpererwärmung und der Schädigung ersichtlich. Es zeigt sich, dass die Temperaturerhöhung an der oberen Messstelle bereits kurz nach Beginn des Versuchs am größten ist. Verglichen mit dem Bruchbild aus Abbildung 3.5 zeigt sich, dass sich der Probekörper bereits frühzeitig an dem Ort des späteren Versagens stärker erwärmt als in den anderen Probekörperbereichen. Auch die deutliche Temperaturerhöhung unmittelbar vor dem Versagen ist an der oberen Messstelle deutlich stärker ausgeprägt als an den anderen beiden Messstellen. Die überproportionale Schädigungszunahme am Ort des späteren Versagens korreliert mit einer überproportionalen Probekörpererwärmung.

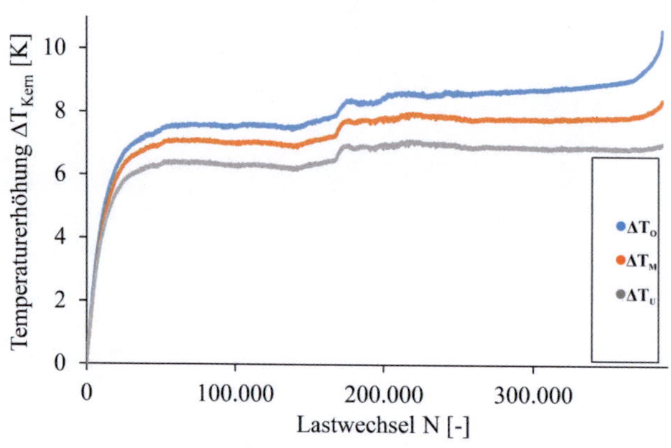

Abbildung 3.6: Temperaturänderung ΔT_{Kern} im Kern des Probekörpers ZA1.2; $f_p = 2$ Hz, $S_U = 0{,}05$, $S_O = 0{,}65$, $N_f = 385.614$

Durch die gezeigten Vergleiche kann eindeutig die Korrelation zwischen der Probekörpererwärmung und dem Schädigungsprozess aufgezeigt werden. Unklar ist jedoch, ob der Schädigungsverlauf die Temperaturentwicklung oder die Temperaturentwicklung den Schädigungsverlauf beeinflusst. Beide Beeinflussungsrichtungen sind denkbar. Eine starke Erwärmung führt zu Eigenspannungen im Probekörper, die wiederum Rissbildungen und damit zusätzliche Schädigungen bewirken. Andersherum bedeutet ein schneller Schädigungsverlauf, dass die Anzahl der Risse zunimmt und durch die Reibung dieser Risse während der Be- und Entlastungszyklen zusätzliche Wärme entstehen kann.

3.3 Energetische Auswertung

Gemäß dem Grundsatz der Energieerhaltung muss dem Probekörper kontinuierlich Energie zugeführt werden, damit sich dieser erwärmen kann. Es stellt sich demnach die Frage, wie diese thermische Energie dem Probekörper zugefügt wird. Verschiedene Untersuchungen zeigen, dass die höchste Temperatur während der Ermüdungsversuche im Inneren der Probekörper herrscht ((Elsmeier et al. 2016), (Bode & Marx 2019a)). Entsprechend kann die Erwärmung nicht durch thermische Einflüsse von außen begründet sein. Stattdessen muss die Erwärmung aus dem Inneren der Probekörper heraus resultieren, wodurch wiederum Energieumwandlungen erforderlich sind. Von außen wird dem System lediglich Energie in Form von mechanischer Arbeit zugeführt. Diese mechanische Arbeit wird den Probekörpern über den Hydraulikzylinder zugefügt. Um die Umwandlung in thermische Energie näher zu untersuchen, muss zunächst die dem Probekörper zugefügte mechanische Arbeit analysiert werden.

Für die mit einer Prüffrequenz von $f_p = 8$ Hz beanspruchten Probekörper wurden die in Kapitel 2.2 erläuterten elastischen sowie plastischen Energieanteile ausgewertet (Tabelle 3-3). Bezüglich der Auswertung der Dissipationsenergie E_G wird auf Kapitel 5 verwiesen. Während es sich bei dem elastischen Energieanteil E_{el} um die elastische Energie eines Lastwechsels kurz vor dem Versagen handelt, wurde für den plastischen Energieanteil E_{pl} die über die gesamte Versuchsdauer aufgenommene plastische Energie ermittelt. Für die beiden Durchläufer-Versuche wurden die Werte ebenfalls für den Zustand unmittelbar vor dem Versuchsende ermittelt.

Da der elastische Energieanteil E_{el} mit der Entlastung des Probekörpers jeweils wieder abgegeben wird, kann er entsprechend nicht für irreversible Prozesse und somit auch nicht für die Probekörpererwärmung verantwortlich sein. Während dieser Energieanteil mit zunehmender Bruchlastwechselzahl N_f scheinbar geringer wird, ist eine solche Tendenz beim plastischen Energieanteil E_{pl} nicht feststellbar. Im Mittel beträgt der plastische Energieanteil für die ausgewerteten

Probekörper $E_{pl,m}$ = 77 J. Dies steht zunächst im Einklang mit den in Kapitel 2.3.4 erläuterten Untersuchungsergebnissen aus (Tepfers et al. 1984). Nach *Tepfers et al.* versagen die Probekörper unabhängig von der Beanspruchung nach der gleichen absorbierten Energie, dabei blieb die dissipierte Energie E_δ jedoch unberücksichtigt. Festzuhalten ist jedoch, dass die Einzelwerte des plastischen Energieanteils E_{pl} der verschiedenen Probekörper großen Streuungen unterliegen.

Tabelle 3-3: Auswertung der Energieanteile der mit einer Prüffrequenz von f_p = 8 Hz beanspruchten Probekörper

Probekörper	N_f [-]	S_O [-]	S_U [-]	f_P [Hz]	E_{el} [J]	E_{pl} [J]	ΔT [K]
ZA2.4	858	0,80	0,05	8	131	82	0,5
ZA3.4	1.870	0,80	0,05	8	135	94	1,8
ZA5.3	5.490	0,80	0,05	8	130	70	5,3
ZA1.5	1.517	0,75	0,05	8	135	93	1,6
ZA2.5	3.138	0,75	0,05	8	117	82	2,5
ZA2.6	6.418	0,75	0,05	8	114	96	6,6
ZA1.7	19.246	0,70	0,05	8	97	61	11,0
ZA3.7	717	0,70	0,05	8	106	64	0,7
ZA4.5	206.640 DL	0,70	0,05	8	(80)	(31)	(23,5)
ZA2.10	136.138	0,65	0,05	8	82	62	27,5
ZA3.9	12.516	0,65	0,05	8	100	95	10,0
ZA1.10	1.000.000 DL	0,65	0,05	8	(69)	(39)	(17,5)
ZA3.1	1.272.908	0,60	0,05	8	76	68	22,0
ZA2.11	182.710	0,60	0,05	8	78	57	20,5
ZA1.12	730.335	0,60	0,05	8	67	76	19,0

Ebenfalls in der Tabelle 3-3 angegeben sind die Temperaturunterschiede ΔT, um die sich die Probekörperkerne infolge der zyklischen Beanspruchung erwärmen. Auch hier lässt sich durch eine überschlägige Berechnung bestätigen, dass einzig der Energieanteil aus der Dissipationsenergie E_δ für die Probekörpererwärmung verantwortlich sein kann. Geht man nach (CEB 1982) von einer spezifischen Wärmekapazität des Betons von c = 900 J/(kg·K) aus, ergibt sich für die Masse m = 6,85 kg eines Betonzylinders folgende benötigte Energie, um den Probekörper um ein Kelvin zu erwärmen:

$$\frac{\Delta E}{\Delta T} = m \cdot c \cdot= 6{,}85\,kg \cdot 900\frac{J}{kg \cdot K} = 6.165\frac{J}{K} \qquad \text{Gl. 3.1}$$

Bereits diese Energiemenge übersteigt deutlich die Anteile der plastischen Energie E_{pl} aus Tabelle 3-3, obwohl die Wärmeabgabe an die Umgebung vernachlässigt wurde und lediglich die Energiemenge für eine Erwärmung um ΔT = 1 K in Gleichung 3.1 angegeben ist. Die tatsächliche Erwärmung ist in den Verläufen der Temperaturänderung ΔT von drei ausgewählten Probekörpern in

Abbildung 3.7, Abbildung 3.8 und Abbildung 3.9 dargestellt. Ausgewertet wurden jeweils die Temperaturänderungen über die Lastwechselzahl N auf der Zylinderoberfläche im Vergleich zu der jeweiligen Temperatur vor Beginn der zyklischen Beanspruchung. Die Messgröße ΔT_{Mitte} wurde auf mittlerer Höhe, die Messgröße ΔT_{unten} im Abstand von einem Zentimeter von der Probekörperunterseite und die Messgröße ΔT_{oben} im Abstand von einem Zentimeter von der Probekörperoberseite ermittelt. Während die Erwärmung des Probekörpers ZA2.4 aufgrund der kurzen Versuchslaufzeit relativ gering ist, erwärmen sich die anderen beiden Probekörper deutlich stärker. Berücksichtigt man die hier aufgeführte tatsächliche Erwärmung sowie die Wärmeabgabe an die Umgebung, würde sich die in Gleichung 3.1 ermittelte Energiegröße insbesondere für lang andauernde Versuche deutlich erhöhen. Offensichtlich nimmt mit fortschreitender Versuchsdauer die kumulierte Energiemenge, die in thermische Energie umgewandelt wird, zu.

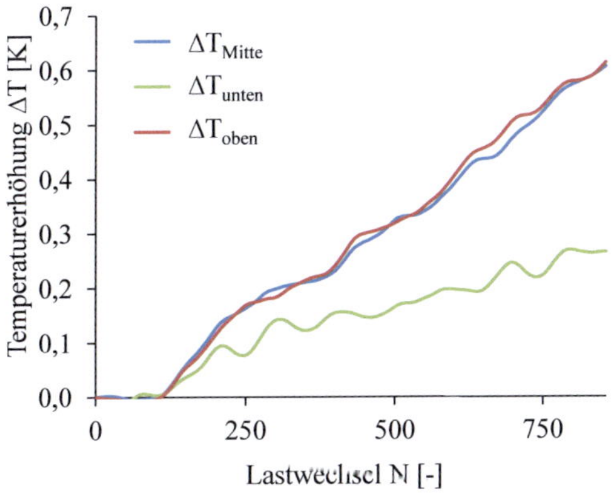

Abbildung 3.7: Temperaturerhöhung ΔT auf der Oberfläche des Probekörpers ZA2.4; $f_p = 8$ Hz, $S_U = 0{,}05$, $S_O = 0{,}80$, $N_f = 858$

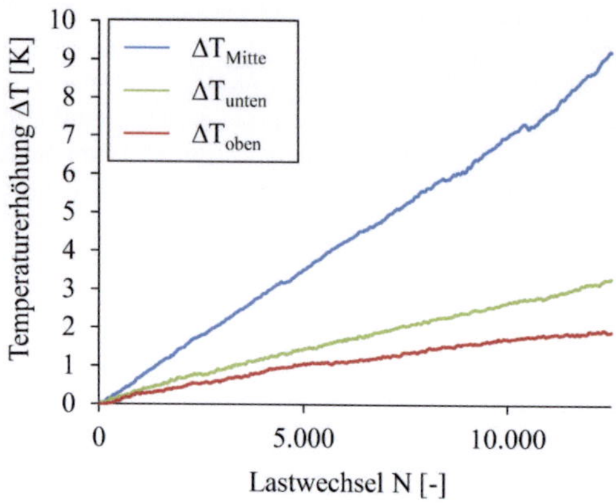

Abbildung 3.8: Temperaturerhöhung ΔT auf der Oberfläche des Probekörpers ZA3.9; $f_p = 8$ Hz, $S_U = 0{,}05$, $S_O = 0{,}65$, $N_f = 12.516$

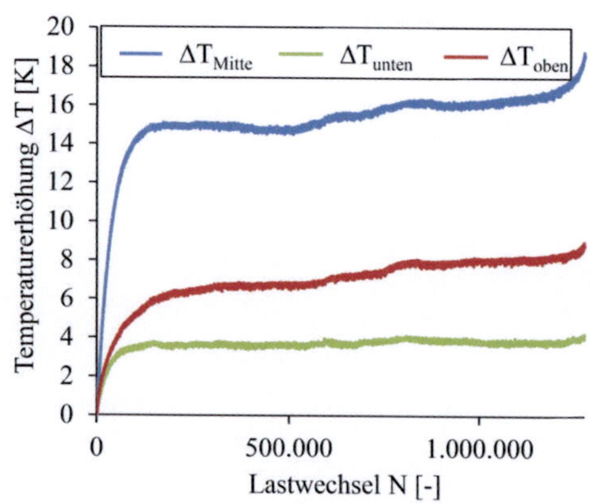

Abbildung 3.9: Temperaturerhöhung ΔT auf der Oberfläche des Probekörpers ZA3.1; $f_p = 8$ Hz, $S_U = 0{,}05$, $S_O = 0{,}60$, $N_f = 1.272.908$

4 Hypothesen

Basierend auf der Bewertung der zuvor beschriebenen Zusammenhänge werden in diesem Kapitel zwei Hypothesen aufgestellt.

Die Auswertung der Energieanteile in Kapitel 3.3 sowie die Untersuchungen aus (von der Haar et al. 2016) haben gezeigt, dass es sich bei der Dissipationsenergie E_δ um den Energieanteil der aufgebrachten mechanischen Arbeit handelt, der in thermische Energie umgewandelt und somit vom Probekörper in Form von Wärme absorbiert wird. Dieser Zusammenhang wird mit eigenen Untersuchungen in Kapitel 5.4 bestätigt. Unter dieser Voraussetzung sind zunächst zwei Prozesse denkbar, die für die Entstehung der Wärme und somit für die Dissipationsenergie E_δ verantwortlich sind. Durch die belastungsbedingte Kompression des Porenraums kann es zu einer Erwärmung der darin befindlichen Luft kommen. Aufgrund der Probekörpertrocknung bei der in Kapitel 3 beschriebenen Versuchsserie kann davon ausgegangen werden, dass der überwiegende Teil des Porenraums mit Luft und nicht mit Wasser gefüllt ist. Der Porenraum lässt sich hier als adiabatisches System betrachten, bei dem es aufgrund der Kürze der Zeit zu keinem Wärmeaustausch mit der Umgebung kommt und sich somit die Luft selbst erwärmt. Da jedoch mit der Entlastung das Porenraumvolumen wieder zunimmt und die Luft entsprechend dekomprimiert wird, kühlt die Luft in den Poren auch wieder ab. Da Untersuchungen jedoch gezeigt haben, dass während eines zyklischen Versuchs auch Energie dissipiert wird, ohne dass die plastische Verformung zwingend zunimmt, lässt sich die Dissipationsenergie E_δ nicht über die kompressionsbedingte Erwärmung der Luft in den Poren erklären.

Somit ergibt sich, dass ein anderer Prozess für die Erwärmung verantwortlich sein muss. Nach den Ausführungen in (Whaley 1971) und (Elsmeier 2019) handelt es sich dabei um innere Reibvorgänge wie die Reibung von Mikrorissen. Zum einen ist allgemein bekannt, dass durch Reibung Wärme entsteht und zum anderen, dass im Betongefüge Mikro- und gegebenenfalls auch Makrorisse vorhanden sein können. Mikrorisse entstehen bereits durch Eigenspannungen während der Hydratation. Entsprechend der Erläuterungen in Kapitel 2.1.3.3 kommt es durch die zyklische Belastung zum Fortschreiten dieser Risse sowie zur Entstehung neuer Risse. Ein großer Teil dieser Risse verläuft dabei diagonal oder parallel zur Beanspruchungsrichtung (Abbildung 2.9). Aufgrund der belastungsbedingten Verformung sowie der Inhomogenität des Betons kommt es zu einer Relativverschiebung Δs einzelner Rissufer. Nicht zuletzt die in Kapitel 2.1.3.3 beschriebene geringere Abnahme der Ultraschallgeschwindigkeiten v_f senkrecht zur Beanspruchungsrichtung im belasteten Zustand gegenüber der Abnahme im entlasteten Zustand zeigt, dass einige Risse temporär wieder geschlossen werden. Es wird ferner davon ausgegangen, dass bei den sich unter

Belastung schließenden Rissen senkrecht zum Rissverlauf lokale Druckspannungen vorhanden sind. Somit kommt es zur Reibung und der dadurch hervorgerufenen Erwärmung des Betons. Bei dieser für die Erwärmung verantwortlichen thermischen Energie handelt es sich entsprechend der folgenden Hypothese um die Dissipationsenergie E_δ.

Hypothese 1:

> Die Dissipationsenergie E_δ beschreibt die mechanische Arbeit, die infolge der Reibung von Rissflächen in thermische Energie umgewandelt wird.

Wie bereits zuvor beschrieben entstehen infolge hydratationsbedingter Eigenspannungen sowie zyklischer Beanspruchungen Risse. Diese treten insbesondere entlang der Korngrenzen auf. Aufgrund der Probekörperdehnungen sowie der Inhomogenität des Betons kommt es während der Be- und Entlastungsvorgänge zu Relativverschiebungen Δs der beiden Rissufer eines Risses (siehe Abbildung 4.1). Durch die Rissbildungen werden die lokalen Spannungszustände beeinflusst und verändert. Dies kann für einige Risse im Beanspruchungszustand orthogonal zu ihrem Verlauf wirkende Druckspannungen zur Folge haben. Entsprechend können diese Reibvorgänge mit der in Kapitel 2.4 beschriebenen Reibung von Betonoberflächen verglichen werden. Die entsprechende Reibenergie, die für einen Belastungsvorgang eines Lastzyklus entsprechend Gleichung 4.1 durch die Fläche unterhalb des Δs-F_R-Verlaufs (siehe Abbildung 4.2) beschrieben wird, ist somit von der Relativverschiebung Δs der Rissflächen, vom Reibbeiwert μ und von der Kraft F_N abhängig.

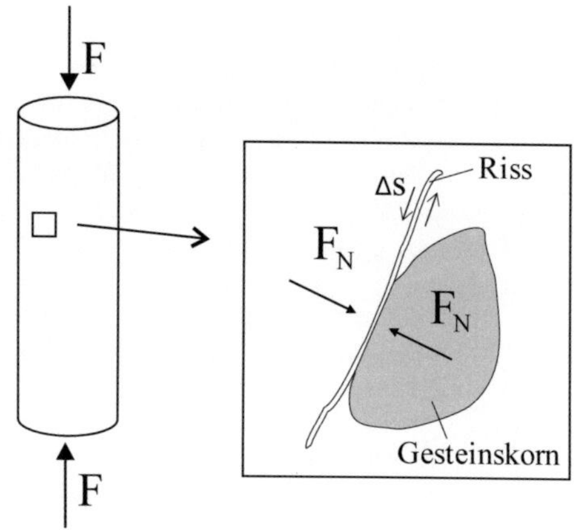

Abbildung 4.1: Schematische Darstellung zur Reibung eines Risses an der Kontaktzone zwischen Zementstein und Gesteinskorn

$$E_{Reib} = \int_{F_{R,Su}}^{F_{R,So}} [\Delta s(F_R)]\, dF_R \qquad \text{Gl. 4.1}$$

$$F_R = F_N \cdot \mu \qquad \text{Gl. 4.2}$$

$$F_N = \sigma_N \cdot A_{Riss} \qquad \text{Gl. 4.3}$$

$$E_\delta = E_{Reib} = \int_{\sigma_{N,Su}}^{\sigma_{N,So}} [\Delta s(\sigma_N) \cdot \mu \cdot A_{Riss}]\, d\sigma_N \qquad \text{Gl. 4.4}$$

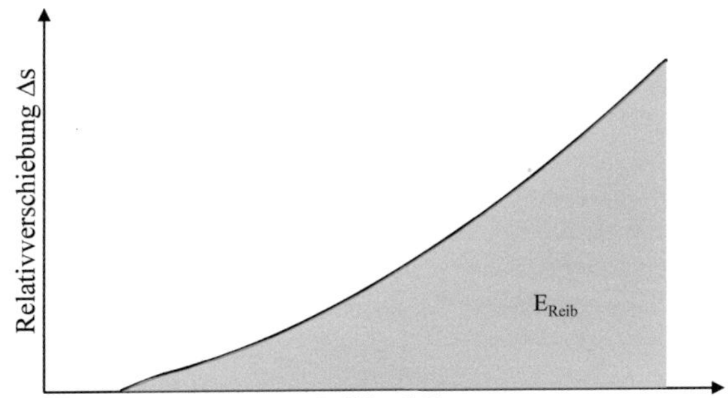

Abbildung 4.2: Schematische Darstellung der Reibenergie eines Risses bei einem Belastungsvorgang

Bei der Kraft F_N handelt es sich um die orthogonal zur Rissfläche wirkende Kraft. Unter der Annahme eines gleichmäßigen Spannungszustands ergibt sich die Kraft F_N entsprechend der Gleichung 4.3 aus dem Produkt des orthogonalen Spannungsanteils σ_N und der Rissfläche. Die orthogonale Spannung resultiert neben der Eigenspannung insbesondere aus der zyklischen Beanspruchung durch die Prüfmaschine. Entsprechend ist die dissipierte Energie E_δ des betrachteten Risses während eines Belastungsvorgangs nach Gleichung 4.4 von der aus Eigenspannung und der mechanischen Beanspruchung resultierenden Spannung σ_N, von der Relativverschiebung Δs, vom Reibbeiwert μ und von der Fläche des Rissufers A_{Riss} abhängig. Im Gegensatz zu Reibversuchen, bei denen die aus der aufgebrachten Normalkraft resultierende und auf die Reibfläche wirkende Normalspannung von deren Fläche abhängig ist, kann davon ausgegangen werden, dass die auf die Rissfläche wirkende Normalspannung σ_N nahezu unabhängig von der Größe der Rissfläche ist. Entsprechend steigt mit der Vergrößerung der Rissfläche A_{Riss} auch die dissipierte Energie E_δ nach Gleichung 4.4. Bezogen auf den gesamten Probekörper resultiert daraus die folgende Hypothese.

Hypothese 2:

> Die Größe der Dissipationsenergie E_δ eines Belastungszyklus ist abhängig von der Größe und der Anzahl der Rissflächen und gibt somit einen Hinweis auf den vorhandenen Schädigungsgrad.

Anzumerken ist, dass es aufgrund unterschiedlicher lokaler Spannungszustände nicht bei jedem Riss zu einer Energiedissipation infolge von Reibung kommt. Erforderlich für die beschriebene Reibenergie E_{Reib} ist zum einen, dass es zu einer Relativverschiebung Δs der Rissflanken kommt und zum anderen, dass dabei orthogonal zum Rissverlauf eine Druckspannung σ_N und somit Kontakt zwischen den Rissflanken vorhanden sind. Die einzelnen Randbedingungen zwischen den Rissen eines Probekörpers unterscheiden sich zum Teil deutlich und sind darüber hinaus nicht ermittelbar. Somit lässt sich die dissipierte Energiemenge E_δ eines einzelnen Risses nicht bestimmen. Da in einem Probekörper jedoch eine sehr große Anzahl an Rissen in der Mikro- und Mesoebene vorhanden ist, kann davon ausgegangen werden, dass der relative Anteil der Risse, bei denen es zu Reibprozessen kommt, konstant ist. Demnach behält der mit der zweiten Hypothese beschriebene Zusammenhang zwischen der Dissipationsenergie E_δ und der Anzahl sowie Größe der Risse eines Probekörpers seine Gültigkeit.

Aufbauend auf der zweiten Hypothese wird im nachfolgenden Kapitel die Dissipationsenergie E_δ hinsichtlich ihrer Eignung als Schädigungsindikator untersucht.

5 Dissipationsenergie als Schädigungsindikator

5.1 Vorbemerkung

Während in der Vergangenheit die dissipierte Energie E_δ bei Ermüdungsversuchen in der Regel bei niederzyklischen weggeregelten Versuchen ((Spooner & Dougill 1975), (Wischers 1978b)) oder bei kraftgeregelten Versuchen ((Ban 1933), (Teichen 1968), (Do et al. 1993), (Thiele 2015), (von der Haar et al. 2016)) nur punktuell ausgewertet wurde, werden im Rahmen dieser Arbeit die Dissipationsenergien E_δ jedes einzelnen Lastwechsels über die gesamte Versuchslaufzeit bestimmt. Die dafür entwickelte und später angewendete Methodik wird im folgenden Kapitel 5.2 beschrieben. Anschließend werden die in Kapitel 3 beschriebenen Ermüdungsversuche der Versuchsserie ZA hinsichtlich der Dissipationsenergie E_δ ausgewertet (Kapitel 5.3).

Zu beachten ist, dass es sich bei den in diesem Kapitel ausgewerteten Versuchen um Druckschwellversuche handelt, die zwischen dem festgelegten bezogenen Unterspannungsniveau S_U und einem bezogenen Oberspannungsniveau S_O zyklisch beansprucht wurden. Im Laufe eines Versuchs wurden die Belastungsgrenzen nicht verändert, es handelte sich demnach um Einstufenversuche. Während das bezogene Unterspannungsniveau für alle Versuche $S_U = 0{,}05$ beträgt, unterscheiden sich die bezogenen Oberspannungsniveaus S_O entsprechend Tabelle 3-1.

Nachdem in Kapitel 5.4 der Zusammenhang zwischen dissipierter Energie E_δ und Probekörpererwärmung untersucht wird, werden in Kapitel 5.5 die zuvor aufgestellten Hypothesen bewertet.

5.2 Ermittlung der Dissipationsenergie

Zur Ermittlung der Dissipationsenergie E_δ für jeden Lastwechsel werden die Messdaten der Kraft F und der Probekörperverformung Δl in Kraftrichtung benötigt. Mit diesen beiden Messgrößen lassen sich auch die Spannungen sowie die Dehnungen während der zyklischen Versuche ermitteln und somit die in Kapitel 2.3.1 beschriebenen und beispielhaft in Abbildung 5.1 dargestellten Hystereseflächen bestimmen. Dargestellt sind für einen Probekörper ausgewählte Lastzyklen. Dabei beschreiben die einzelnen Punkte die tatsächlich ermittelten Messpunkte, die in der Darstellung linear miteinander verbunden wurden. Auffällig ist, dass sich entgegen der schematischen Darstellung aus Abbildung 2.25 die Hystereseflächen nahezu über den gesamten Spannungsbereich eines Lastzyklus ausdehnen. Wertet man die Hystereseflächen direkt für das

Kraft-Verformungsdiagramm aus (vgl. Abbildung 5.2), erhält man die entsprechende Dissipationsenergie E_δ nach Gleichung 5.1.

$$E_\delta = \int_{\Delta l_{min,i}}^{\Delta l_{s,i}} F_{Bel}(\Delta l) d\Delta l - \int_{\Delta l_{min,i}}^{\Delta l_{s,i}} F_{Entl}(\Delta l) d\Delta l \qquad \text{Gl. 5.1}$$

mit

$\Delta l_{s,i}$ ≙ Probekörperverformung beim Schnittpunkt der Be- und Entlastungskurve

$\Delta l_{min,i}$ ≙ Minimale Probekörperverformung während eines Lastwechsels

$F_{Bel}(\Delta l)$ ≙ Kraftwert während der Belastung

$F_{Entl}(\Delta l)$ ≙ Kraftwert während der Entlastung

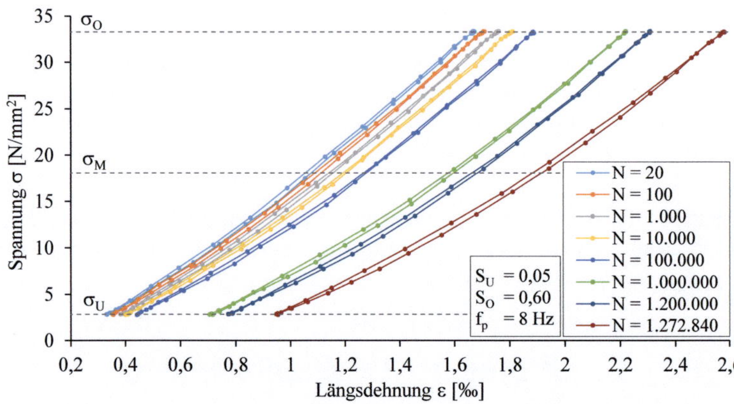

Abbildung 5.1: Spannungs-Dehnungslinien verschiedener Lastwechsel des Probekörpers ZA3.1; $S_U = 0{,}05$, $S_O = 0{,}60$, $f_P = 8$ Hz

Um die Dissipationsenergiewerte E_δ aus den Messparametern Kraft F und Probekörperverformung Δl zuverlässig und mit einem vertretbaren Rechenaufwand zu ermitteln, wurde in (Bode et al. 2019) ein Algorithmus entwickelt, der sich an dem Ablaufschema in Abbildung 5.2 und der Gleichung 5.1 orientiert. Der Algorithmus zur Ermittlung des Hystereseflächeninhalts und somit der Dissipationsenergie E_δ wird für jeden Lastwechsel durchlaufen. Da nur diskrete Messwerte und keine stetigen Verläufe aufgezeichnet werden, werden die aus einem Kraft- und einem Verformungswert bestehenden Messpunkte durch die später angewendete Trapezregel linear miteinander verbunden. Zunächst wird der Schnittpunkt des Belastungsastes und des vorangegangenen Entlastungsastes ermittelt. Anschließend werden die Flächen zwischen dem Schnittpunkt und dem Minimum der Probekörperverformung Δl unterhalb des Belastungsastes sowie unterhalb des Entlastungsastes ermittelt. Diese ergeben sich durch Aufsummieren der Teilflächeninhalte zwischen zwei Messpunkten. Dabei werden die Teilflächeninhalte mit der Trapezregel bestimmt. Die Differenz der beiden Flächen ergibt die Hysteresefläche und somit die Dissipationsenergie E_δ für jeden Lastwechsel.

Da die beiden Messgrößen Kraft F und Probekörperverformung Δl zum Standardmessverfahren bei Ermüdungsverfahren an Betonprobekörpern gehören, können auch vorhandene Messdaten aus vergangenen Versuchen hinsichtlich der Dissipationsenergie E_δ ausgewertet werden. Bedingung ist lediglich, dass mit einer, in Abhängigkeit von der Prüffrequenz f_p, ausreichenden Messfrequenz f_{mess} gemessen wurde. Es hat sich gezeigt, dass für beide Messgrößen mindestens 20 Messwerte pro Lastwechsel vorhanden sein sollten. Andernfalls können die Verläufe der Be- und Entlastungsäste und somit die Hystereseflächen nicht exakt genug abgebildet werden.

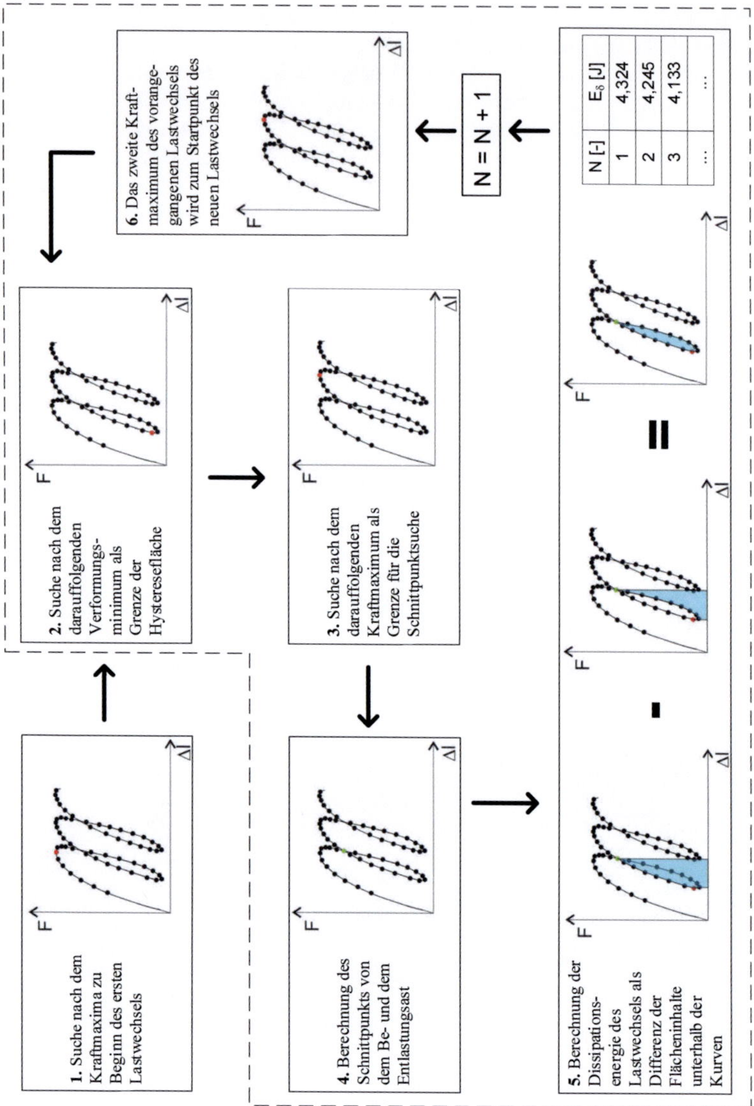

Abbildung 5.2: Ablaufschema für die Bestimmung der Dissipationsenergie E_δ für jeden Lastwechsel, aus (Bode et al. 2019)

5.3 Dissipationsenergie je Lastwechsel

In diesem Kapitel werden die Dissipationsenergiewerte E_δ für die in Kapitel 3 beschriebenen Versuche der Versuchsserie ZA mithilfe der im vorangegangenen Kapitel beschriebenen Methode ermittelt. Die ermittelten Energiewerte unterliegen einer Streuung, wie aus dem in Abbildung 5.3 dargestellten Verlauf der Dissipationsenergie E_δ je Lastwechsel des Probekörpers ZA3.4 ersichtlich.

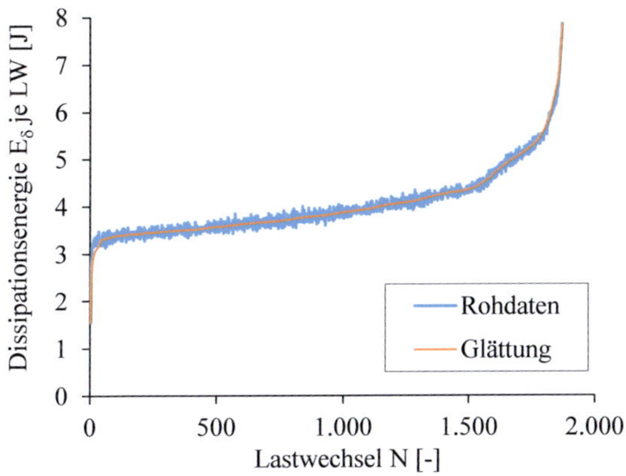

Abbildung 5.3: Dissipationsenergie E_δ je Lastwechsel des Probekörpers ZA3.4; $f_p = 8$ Hz, $S_U = 0{,}05$, $S_O = 0{,}80$

Die Verläufe der anderen Probekörper der in Kapitel 3 beschriebenen Versuchsserie ZA sind im Anhang A.1.2 dargestellt. Die Streuung der Einzelwerte eines Probekörpers resultiert aus dem leicht variierenden Verformungsverhalten des Probekörpers während der einzelnen Lastzyklen, aus Messungenauigkeiten bei den Kraft- und Längenmessungen sowie insbesondere aus der Diskontinuität der Messung. Da die Hystereseschleifen lediglich aus einzelnen Messwertpaaren bestehen, handelt es sich bei den damit abgebildeten Hysteresen und Flächeninhalten stets um Näherungslösungen, die von der Lage der Messwertpaare entlang der tatsächlich vorhandenen Hystereseschleifen abhängig sind. Für eine bessere Veranschaulichung der Verläufe verschiedener Probekörper wurden diese jeweils geglättet und für ausgewählte Probekörper mit deutlich variierenden Bruchlastwechselzahlen N_f bezogen auf die normierte Lastwechselzahl N/N_f in Abbildung 5.4 und Abbildung 5.5 dargestellt. Aufgrund der unterschiedlich starken Beanspruchung konnten Versuche mit unterschiedlichen Bruchlastwechselzahlen N_f ausgewertet werden. Insgesamt weisen die Verläufe dabei eine vergleichbare Charakteristik auf und verlaufen annähernd parallel.

Nach einer signifikanten, jedoch rückläufigen Zunahme der Dissipationsenergie E_δ je Lastwechsel zu Versuchsbeginn folgt ein annähernd linearer Verlauf. Vor Versuchsende kommt es wiederum zu einer überproportionalen Entwicklung der Energiewerte. Demnach ähnelt die Verlaufscharakteristik den bekannten dreiphasigen Verläufen weiterer, in Kapitel 2.1.3.3 beschriebener Messparameter und Schädigungsindikatoren bei kraftgeregelten Druckschwellversuchen.

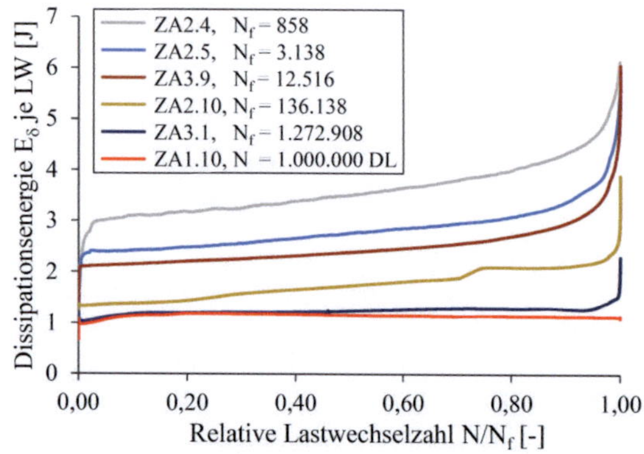

Abbildung 5.4: Dissipationsenergie E_δ je Lastwechsel; $f_p = 8$ Hz, $S_U = 0{,}05$

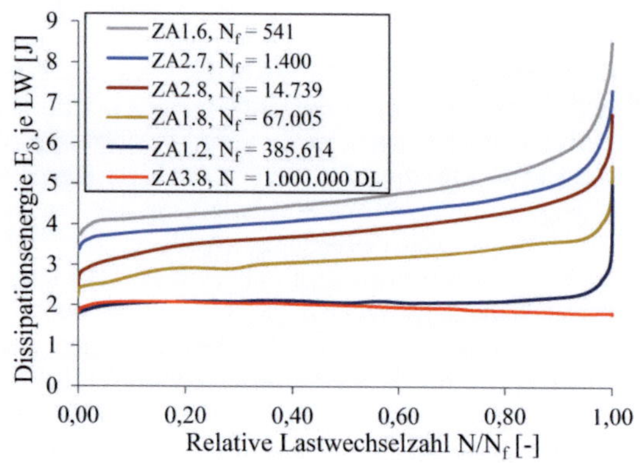

Abbildung 5.5: Dissipationsenergie E_δ je Lastwechsel; $f_p = 2$ Hz, $S_U = 0{,}05$

Aufgrund der stark streuenden Druckfestigkeiten und deren Einfluss auf die anvisierten Spannungsniveaus konzentriert sich die Auswertung auf die unterschiedlichen Bruchlastwechselzahlen N_f und nicht auf die unterschiedlichen bezogenen Oberspannungsniveaus S_O. Es wird im Umkehrschluss davon ausgegangen, dass Probekörper mit geringen Bruchlastwechselzahlen N_f stärker beansprucht wurden als Probekörper mit größeren Bruchlastwechselzahlen N_f. Ein Vergleich der Verläufe der verschiedenen Probekörper zeigt dabei eine Abhängigkeit von der Bruchlastwechselzahl N_f. Je kleiner die Bruchlastwechselzahl N_f ist, desto größer sind die Werte der Dissipationsenergie E_δ je Lastwechsel und desto schneller steigen diese über die Versuchslaufzeit an. Bei sehr lang andauernden Versuchen mit einer großen Bruchlastwechselzahl N_f wie bei dem Probekörper ZA3.1 aus Abbildung 5.4 und dem Probekörper ZA1.2 aus Abbildung 5.5, verlaufen die Werte nach einem anfänglichen Anstieg bis kurz vor Versuchsende annähernd konstant. Somit wird bei lang laufenden Versuchen über einen Großteil der Versuchslaufzeit hinweg mit jedem Lastwechsel die gleiche Energiemenge E_δ dissipiert. Einen Extremfall stellen dabei die Durchläuferversuche dar. So nimmt die Dissipationsenergie E_δ je Lastwechsel für die Probekörper ZA1.10 aus Abbildung 5.4 und ZA3.8 aus Abbildung 5.5 nach einem anfänglichen Anstieg mit fortschreitender Versuchsdauer ab. Ebenfalls scheint die Prüffrequenz f_p einen Einfluss auf die Dissipationsenergie E_δ zu haben. So sind die Werte der Dissipationsenergie E_δ je Lastwechsel für Versuche mit vergleichbaren Bruchlastwechselzahlen N_f bei einer Prüffrequenz von $f_p = 8$ Hz kleiner als die Werte bei Versuchen mit einer Prüffrequenz von $f_p = 2$ Hz.

Nachfolgend werden die Verläufe der Dissipationsenergie E_δ von fünf ausgewählten Prüfkörpern mit unterschiedlichen Bruchlastwechselzahlen N_f unmittelbar vor dem Versagen untersucht. Die entsprechenden Versuche wurden mit einer Prüffrequenz von $f_p = 8$ Hz und einem bezogenen Unterspannungsniveau $S_U = 0{,}05$, jedoch mit unterschiedlichen Oberspannungsniveaus S_O durchgeführt. Dargestellt sind in Abbildung 5.6 die Dissipationsenergieverläufe während der jeweils letzten 1.000 Lastwechsel vor dem Versagen. Demnach sind für den Probekörper ZA 1.5 die Werte für die Lastwechsel 517 bis 1.517 und für den Probekörper ZA 3.9 die Werte für die Lastwechsel 11.516 bis 12.516 aufgeführt. Ziel der Darstellung ist die Überprüfung, inwieweit es unmittelbar vor dem Versagen Zusammenhänge zwischen den einzelnen Verläufen gibt.

Der detaillierte Vergleich der einzelnen Verläufe in Abbildung 5.6 zeigt, dass sich diese deutlicher voneinander unterscheiden als die Verläufe in Abbildung 5.4 und Abbildung 5.5. Auch unmittelbar vor Versuchsende sind die Werte der Dissipationsenergie E_δ je Lastwechsel für Versuche mit geringerer Bruchlastwechselzahl N_f größer als für Versuche mit größerer Bruchlastwechselzahl N_f. Ebenfalls sind die Verläufe für kurz laufende Versuche steiler als für lang andauernde Versuche.

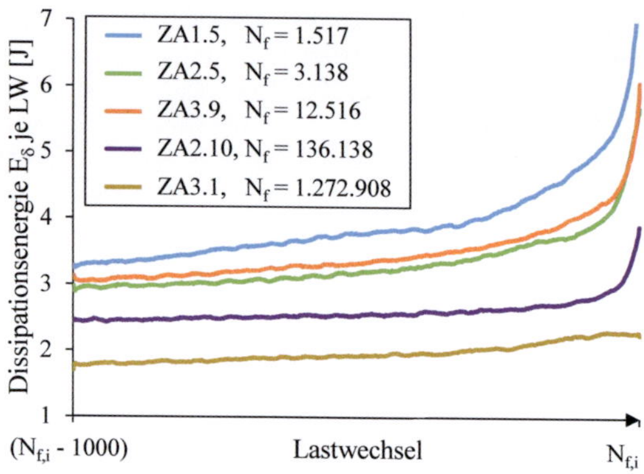

Abbildung 5.6: Verlauf der Dissipationsenergie E_δ je Lastwechsel während der letzten 1.000 Lastwechsel vor dem Versagen; f_p = 8 Hz, S_U = 0,05

5.4 Probekörpererwärmung infolge der Energiedissipation

In einem gemeinsamen Forschungsprojekt mit der Bauhaus-Universität Weimar wurde das Erwärmungsverhalten der Probekörper während der in Kapitel 3 beschriebenen Versuchsserie ZA numerisch untersucht. Ziel der Untersuchungen war die Überprüfung der Hypothese von *Teichen,* gemäß der es sich bei der Dissipationsenergie E_δ um die für die Probekörpererwärmung verantwortliche thermische Energie handelt (Teichen 1968). Der detaillierte Untersuchungsablauf, der Aufbau des numerischen Modells sowie die Ergebnisse sind bereits in (Vogel et al. 2020) veröffentlicht.

Für die thermischen Untersuchungen wurde der Probekörper zusammen mit Teilen des Versuchsstands im Finite-Elemente-Programm ANSYS modelliert. Die im Modell angesetzten bauphysikalischen Parameter Wärmeleitfähigkeit, spezifische Wärmekapazität und der Temperaturausdehnungskoeffizient des für die Probekörper verwendeten Betons wurden zuvor experimentell ermittelt.

Neben dem Probekörper wurde ebenfalls dessen thermische Umgebung modelliert. Um die genauen Wärmeübergangsbedingungen zwischen dem Probekörper und der umgebenden Luft sowie zwischen dem Probekörper und den Druckplatten der Prüfmaschine kalibrieren zu können, wurden bei der Durchführung der in Kapitel 3 beschriebenen Ermüdungsversuche zahlreiche thermische Messungen durchgeführt. Die Temperatur wurde im Probekörperkern, an verschiedenen Messpunkten auf der Probekörperoberfläche, auf den Druckplatten sowie in unterschiedlichen Entfernungen im Umfeld des Probekörpers gemessen. Außerdem wurde der Wärmestrom mit Thermo-Anemometern aufgezeichnet.

Nach der Kalibrierung wurde das thermische Verhalten der Probekörper infolge der zyklischen Belastung für 14 Probekörper mit dem Modell simuliert. Dabei handelt es sich um diejenigen Probekörper der Versuchsserie ZA, bei denen es während der experimentellen Untersuchungen zu nennenswerten Probekörpererwärmungen gekommen ist. Neben den zuvor ermittelten thermischen Materialeigenschaften und Umgebungsbedingungen wurden die experimentell ermittelten und in Kapitel 5.3 dargestellten Verläufe der dissipierten Energie E_δ dem jeweiligen Probekörper als thermische Energie zugefügt. Die mechanische Beanspruchung auf die Probekörper wurde nicht implementiert. Einziger Freiheitsgrad des Modells ist die Temperatur.

Der Vergleich der sich ergebenden simulierten Temperaturverläufe mit den experimentell ermittelten Temperaturverläufen für verschiedene Messpunkte zeigt sehr gute Übereinstimmungen mit nur geringen Unterschieden. Bei keinem der Probekörper stellt sich bis kurz vor dem Versuchsende eine größere Abweichung als $\Delta T_{sim} = 2{,}5$ K zwischen dem Verlauf der maximal gemessenen Probekörpertemperatur und dem Verlauf der maximalen Probekörpertemperatur aus der numerischen Simulation ein.

Erst unmittelbar vor dem Probekörperversagen ergibt sich bei einigen Probekörpern eine geringfügig größere Temperaturabweichung ΔT_{sim}. Bei diesen Probekörpern steigt kurz vor dem Versagen die experimentell ermittelte maximale Probekörpertemperatur stärker an. Dies kann auf eine verstärkte lokale Rissentwicklung zurückgeführt werden. Wie bereits in Kapitel 3.2 beschrieben erwärmt sich der Probekörper am Ort der größten Schädigung am stärksten. Dadurch ergeben sich insbesondere kurz vor dem Versagen infolge des instabilen Risswachstums lokale Unterschiede hinsichtlich der Energiedissipation und der Temperaturentwicklung. Befindet sich ein Temperatursensor im Bereich eines solchen Temperatur-Hotspots, wird diese überdurchschnittliche Temperaturerhöhung aufgezeichnet. Bei den numerischen Untersuchungen wird hingegen die experimentell ermittelte Dissipationsenergie E_δ dem Probekörper als thermische Energiequelle gleichmäßig, über das gesamte Volumen verteilt, zugefügt. Lokale Unterschiede hinsichtlich der Energiedissipation bleiben somit unberücksichtigt.

Exemplarisch sind in Abbildung 5.7 und Abbildung 5.8 für die Probekörper ZA2.11 und ZA3.1 jeweils drei Temperaturverläufe dargestellt, die während der Ermüdungsversuche aufgezeichnet wurden. Diese werden mit den numerisch ermittelten Verläufen der maximalen Probekörpertemperatur, die aus der thermischen Energiezufuhr mit den in Kapitel 5.3 experimentell ermittelten Verläufen der Dissipationsenergie E_δ resultieren, verglichen. Dabei zeigen sich über die gesamte Versuchslaufzeit sehr gute Übereinstimmungen zwischen den gemessenen und den berechneten Temperaturverläufen. Sowohl die Verlaufscharakteristik als auch die Temperaturgrößen können auf Grundlage der ausgewerteten Dissipationsenergie E_δ numerisch simuliert werden.

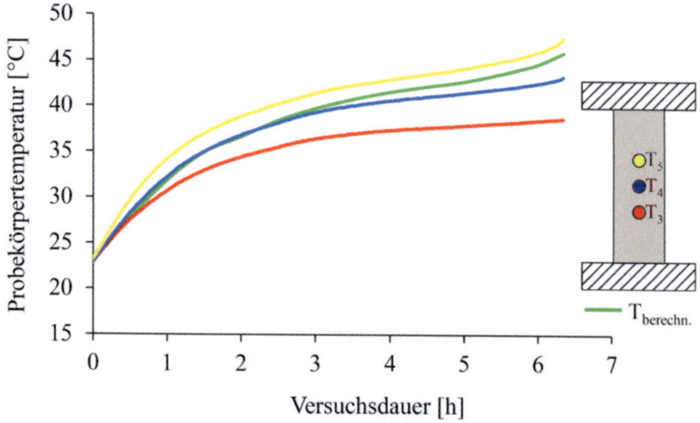

Abbildung 5.7: Vergleich der gemessenen Temperaturverläufe während der Versuchsdurchführung mit den simulierten Temperaturverläufen für den Probekörper ZA2.11; $f_P = 8$ Hz, $S_U = 0{,}05$, $S_O = 0{,}60$, $N_f = 182.710$, nach (Vogel et al. 2020)

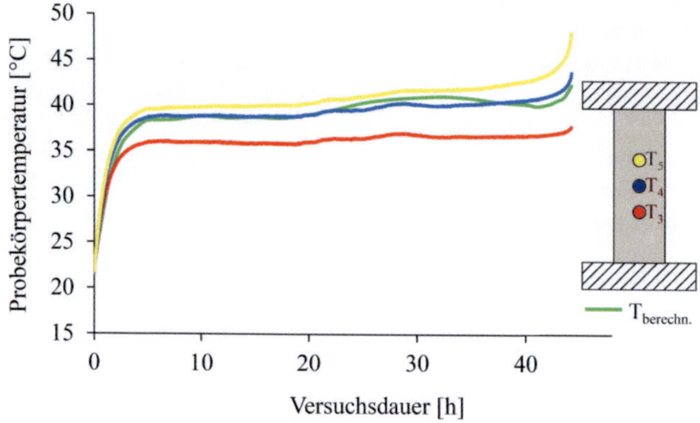

Abbildung 5.8: Vergleich der gemessenen Temperaturverläufe während der Versuchsdurchführung mit den simulierten Temperaturverläufen für den Probekörper ZA3.1; $f_P = 8$ Hz, $S_U = 0{,}05$, $S_O = 0{,}60$, $N_f = 1.272.908$, nach (Vogel et al. 2020)

Somit konnte die Hypothese von *Teichen* (Teichen 1968) bestätigt werden. Bei der Dissipationsenergie E_δ handelt es sich um die thermische Energie, die für die Probekörpererwärmung verantwortlich ist.

5.5 Bewertung der Hypothesen

Durch die beschriebenen Verläufe der Dissipationsenergie E_δ aus Abbildung 5.4 und Abbildung 5.5 werden die beiden in Kapitel 4 aufgestellten Hypothesen untermauert. Während die erste Hypothese die Basis für die zweite Hypothese bildet, lassen sich die Verläufe sehr gut mit der zweiten Hypothese erläutern. Die zweite Hypothese besagt, dass die Energiegröße der Dissipationsenergie E_δ eines Belastungszyklus abhängig von der Größe sowie der Anzahl der Rissflächen ist und demnach einen Hinweis auf den vorhandenen Schädigungsgrad liefert.

Die Auswertungen in Kapitel 3.3 zeigen, dass die gesamte plastische Energie E_{pl} eines Probekörpers zum Zeitpunkt des Versagens unabhängig von der Bruchlastwechselzahl N_f ist und somit die Hypothese von *Tepfers et al.* (Tepfers et al. 1984) bestätigt wird. Für alle Probekörper ist die plastische Energie E_{pl} zum Versagenszeitpunkt nahezu gleich. Es ist somit davon auszugehen, dass die für die Schädigungszunahme verantwortliche Energie dem plastischen Energieanteil E_{pl} zuzuordnen ist. Entsprechend beinhaltet die Dissipationsenergie E_δ eines Lastwechsels keine oder nur zu einem geringen Anteil eine für die Schädigungszunahme verantwortliche Energiemenge. Dies wird verstärkt durch die Betrachtung der über die Versuchslaufzeit kumulierten Dissipationsenergie ΣE_δ. Diese ist insbesondere bei Versuchen mit großen Bruchlastwechselzahlen N_f im Vergleich zum plastischen Energieanteil E_{pl} deutlich größer. In Kapitel 5.4 konnte gezeigt werden, dass die Dissipationsenergie E_δ die für die Probekörpererwärmung verantwortliche thermische Energie beschreibt. Entsprechen lässt sich die dissipierte Energiemenge E_δ eines Lastwechsels mit den inneren Reibprozessen begründen.

Die resultierenden dreiphasigen Verläufe der Dissipationsenergie E_δ je Lastwechsel ähneln dabei den in Kapitel 2.1.3.3 beschriebenen Verläufen der Dehnungsentwicklung, der Steifigkeitsdegradation sowie der Ultraschallgeschwindigkeit. Diese dreiphasigen Verläufe werden in der Literatur mit dem Schädigungsgrad und dem Risswachstum begründet ((Klausen 1978), (Breitenbücher et al. 2008), (Göhlmann 2009)). So geht *Klausen* aufgrund von Schallemissionsmessungen beginnend mit dem ersten Lastwechsel von einer Anfangsschädigung aus, deren Zuwachs anschließend kontinuierlich abnimmt. In der folgenden zweiten Phase nimmt dann die Schädigung gleichmäßig zu, bevor die Schädigung in der dritten Phase überproportional zunimmt. Während Rissanalysen bei *Breitenbücher et al.* ein Wachstum der Risslängen und –flächen über die

Versuchslaufzeit zeigen, begründet *Göhlmann* die erste Phase der Dehnungsentwicklung mit einem Mikrorisswachstum gefolgt von einem stabilen Risswachstum in Phase 2 und einem instabilen Risswachstum einhergehend mit einem deutlichen Dehnungsanstieg in Phase 3. Entsprechend stimmen die dreiphasigen Verläufe der Dissipationsenergie E_δ über die Versuchslaufzeit mit dem in der Literatur beschriebenen Risswachstum sowie der Schädigungsentwicklung qualitativ überein.

Auch die höheren Dissipationsenergiewerte E_δ je Lastwechsel bei den Versuchen mit geringerer Bruchlastwechselzahl N_f stützen die zweite Hypothese. Je kleiner die Bruchlastwechselzahl N_f, desto stärker nimmt die Schädigung mit jedem Lastwechsel zu und entsprechend stärker steigt die Dissipationsenergie E_δ je Lastwechsel an.

Der annähernd konstante Verlauf der Durchläufer sowie der lang andauernden Versuche steht ebenfalls im Einklang mit der zweiten Hypothese. Da die Probekörper erst nach einer großen Lastwechselzahl oder gar nicht versagen, nehmen die Rissflächen und somit die Schädigung offensichtlich nur sehr langsam zu. Entsprechend bleibt die mit jedem Lastwechsel dissipierte Energie E_δ annähernd konstant.

Da sich die Auswertungen der Dissipationsenergie E_δ auf die sich tatsächlich ergebenden Bruchlastwechselzahlen N_f und nicht auf die angesetzten Oberspannungsniveaus S_O beziehen, beeinflussen die in Kapitel 3.1.1 beschriebenen variierenden Vorschädigungsgrade die Korrelation zwischen der Schädigung und der Dissipationsenergie E_δ je Lastwechsel nicht. Ein Probekörper mit einer großen Vorschädigung besitzt mehr Risse zu Versuchsbeginn und dissipiert entsprechend mehr Energie E_δ mit jedem Lastwechsel. Die Vorschädigung ist somit in den Werten der dissipierten Energie E_δ enthalten.

Hingegen lässt sich der offensichtliche Einfluss der Prüffrequenz f_p auf die Dissipationsenergie E_δ nicht mit unterschiedlich großen Rissflächen erklären. Bereits die in Kapitel 2.3.2 beschriebenen Untersuchungen haben die Frequenzabhängigkeit der Hystereseflächen aufgezeigt ((Spooner & Dougill 1975), (Jordan 1980), (Mei et al. 2018)). Deren Ursache wird entsprechend der in Kapitel 2.3.2 beschriebenen Dämpfungsuntersuchungen aus (Jordan 1980) in zusätzlichen viskosen Verformungsanteilen infolge geringerer Prüffrequenzen f_p vermutet.

Der Vergleich der Verläufe unmittelbar vor Versuchsende in Abbildung 5.6 befindet sich zunächst nicht im Einklang mit der zweiten Hypothese. Unmittelbar vor dem Versagen der Probekörper ist von einem ähnlichen Schädigungsgrad auszugehen. Entsprechend müssten gemäß der Hypothese auch die Dissipationsenergiewerte E_δ in Abbildung 5.6 annähernd gleich sein. Lang andauernde Versuche mit großen Bruchlastwechselzahlen N_f weisen jedoch geringere Dissipationsenergiewerte E_δ auf als Versuche mit kleineren Bruchlastwechselzahlen N_f. Somit kann zwar durch den Beginn der dritten Phase in den Verläufen auf ein bevorstehendes Versagen geschlossen werden, jedoch besteht offensichtlich kein direkter quantitativer Zusammenhang zwischen dem Wert der Dissipationsenergie E_δ eines einzelnen Lastwechsels und dem Schädigungsgrad des Probekörpers. Auch die leicht abnehmenden Verläufe der Durchläufer in Abbildung 5.4 und Abbildung 5.5 lassen sich nicht mit der zweiten Hypothese erklären, da nicht davon auszugehen ist, dass es zu einem Rückgang der Schädigung, also einer Heilung des Betons, kommt. Die in Kapitel 2.3.3 beschriebenen Untersuchungen aus (Song et al. 2018a) ergaben ebenfalls geringere Werte der Dissipationsenergie E_δ je Lastwechsel für einen im unteren Spannungsbereich zyklisch vorbelasteten Probekörper gegenüber den nicht vorbelasteten Probekörpern.

Geht man weiterhin von der Gültigkeit der ersten Hypothese aus, stellt sich die Frage, warum der Schädigungszuwachs in Form von der Entstehung neuer Risse sowie dem Wachstum bestehender Risse nicht immer eine Erhöhung der Dissipationsenergie E_δ je Lastwechsel zur Folge hat. Die Erläuterung der Hypothesen in Verbindung mit den beschriebenen formelmäßigen Zusammenhängen in Kapitel 4 besagen hingegen, dass die Reibungsenergie E_{Reib} und somit die Dissipationsenergie E_δ mit zunehmender Rissfläche ΣA_{Riss} ansteigen. Zum einen bestätigen der stetige Anstieg der meisten Verläufe sowie die Tendenz, dass bei Versuchen mit geringerer Bruchlastwechselzahl N_f mit jedem Lastwechsel mehr Energie E_δ als bei Versuchen mit größeren Bruchlastwechselzahlen N_f dissipiert wird, die Korrelation zwischen der Dissipationsenergie E_δ und der Rissfläche ΣA_{Riss}. Zum anderen gibt es offensichtlich gleichzeitig einen weiteren von der Lastwechselzahl N abhängigen Einfluss auf die Dissipationsenergie E_δ. Dieser Einfluss bewirkt eine Verringerung der Dissipationsenergie E_δ mit zunehmender Lastwechselzahl N. Dadurch lassen sich einerseits die geringeren Dissipationsenergiewerte E_δ während der letzten 1.000 Lastwechsel für Versuche mit vielen vorangegangenen Belastungszyklen in Abbildung 5.6 und andererseits der leichte Rückgang der Verläufe von den beiden Durchläufern in Abbildung 5.4 und Abbildung 5.5 erklären.

Entsprechend der Gleichung 4.4 hängt die Dissipationsenergie E_δ neben der Rissfläche ΣA_{Riss} noch von der aufgebrachten zyklischen Normalspannung $\sigma_N(t)$, der Relativverschiebung der Rissflächen Δs und dem Reibbeiwert μ ab. Da es sich um kraftgeregelte Versuche handelt, verändern sich das obere und das untere Spannungsniveau $\sigma_{N,So}$ bzw. $\sigma_{N,Su}$ nicht. Aufgrund der stetigen Dehnungszunahme während eines Versuchs ist ferner davon auszugehen, dass sich die Relativverschiebungen Δs_i der einzelnen Risse ebenfalls erhöhen. Unter der Voraussetzung der Gültigkeit der Gleichung 4.4 müssen entsprechend mit zunehmender Lastwechselzahl N die Reibbeiwerte μ_i der einzelnen Rissflächen abnehmen. Eine solche Abnahme lässt sich mit einer Verringerung der Rauheit der Rissflächen erklären. Durch die sich mit jedem Lastzyklus wiederholende

Reibung der Rissflächen werden diese glatter, was wiederum eine stetige Verringerung des entsprechenden Reibbeiwerts μ_i zur Folge hat. Unterstützt wird diese These vom Zementstaub, der auf Bruchflächen von dynamisch zerstörten Probekörpern deutlich mehr vorhanden war als auf den Bruchflächen von Probekörpern, die infolge monoton steigender Beanspruchung zerstört wurden. Daraus folgt, dass trotz gleichen Schädigungsgrades in Abhängigkeit von der Anzahl der vorangegangenen Lastwechsel N unterschiedlich viel Energie E_δ mit jedem Lastwechsel dissipiert wird.

Die beschriebene Abnahme des mittleren Reibbeiwerts μ entspricht außerdem den in Kapitel 2.4 beschriebenen Untersuchungsergebnissen aus (Waubke & Weiß 1979) und (Tassios & Vintzelou 1987). In den entsprechenden Untersuchungen wurde insbesondere bei rauen Betonoberflächen ebenfalls ein Rückgang des Reibbeiwerts μ mit zunehmender Anzahl an Reibvorgängen festgestellt. Auch die Ergebnisse der in Kapitel 2.3.2 beschriebenen Dämpfungsuntersuchungen aus (Jordan 1980) deuten auf eine Verringerung des mittleren Reibbeiwerts μ hin. Dort konnte ein Rückgang der Dämpfung infolge vorangegangener Belastungszyklen auf niedrigen Spannungsniveaus festgestellt werden. Auf niedrigen Spannungsniveaus scheint demnach der Einfluss aus dem Rückgang des mittleren Reibbeiwerts μ auf die Dissipationsenergie E_δ größer zu sein als der Einfluss der geringen oder nicht vorhandenen zusätzlichen Schädigung.

Außerdem konnte *Jordan* feststellen, dass die Größe der vorangegangenen Belastung einen Einfluss auf die Dämpfung der Betonprobekörper hat. Bei Vorbeanspruchungen auf größeren Spannungsniveaus ergaben sich größere Dämpfungswerte als bei weniger stark vorbelasteten Probekörpern. Die Dämpfungswerte wurden mit der gleichen zyklischen Beanspruchung ermittelt. Daraus ergibt sich, dass entsprechend der zweiten Hypothese die Anzahl und Größe der aus der Vorbeanspruchung resultierenden Mikrorisse die Dämpfung und somit auch die Dissipationsenergiewerte E_δ beeinflussen.

Um weitere und insbesondere quantitative Zusammenhänge zwischen der Schädigung eines Probekörpers infolge zyklischer Beanspruchung und der dabei auftretenden Dissipationsenergie zu überprüfen, wird im nachfolgenden Kapitel die kumulierte Dissipationsenergie ΣE_δ der Versuche ausgewertet.

6 Auswertung der kumulierten Dissipationsenergie

6.1 Auswertung der Versuchsserien ZA

In diesem Kapitel werden die einzelnen zyklischen Versuche hinsichtlich ihrer kumulierten Dissipationsenergie ΣE_δ ausgewertet. Für vier ausgewählte Probekörper ist in Abbildung 6.1 die kumulierte Dissipationsenergie ΣE_δ über die Lastwechselzahl N aufgezeigt. Die Verläufe der kumulierten Dissipationsenergie ΣE_δ der anderen Probekörper der Versuchsserie ZA sind in Anhang A.1.2 dargestellt.

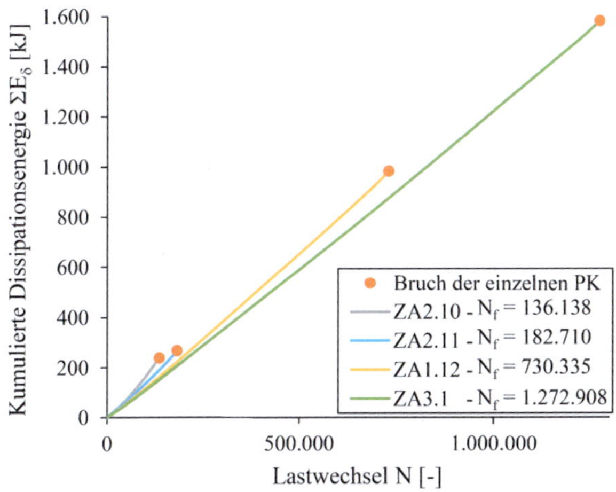

Abbildung 6.1: Verläufe der kumulierten Dissipationsenergie ΣE_δ für vier ausgewählte Probekörper; f_p = 8 Hz, S_U = 0,05

Da mit jedem Lastwechsel erneut Energie E_δ dissipiert wird, steigt die kumulierte Dissipationsenergie ΣE_δ eines Versuchs stetig an. Die orangen Punkte markieren dabei jeweils den Zeitpunkt des Versagens der jeweiligen Probekörper, und somit die jeweilige Bruchlastwechselzahl N_f sowie die während der gesamten Versuchsdauer kumulierte Dissipationsenergie ΣE_δ. Da die in Kapitel 5 beschriebenen Verläufe die Werte der Dissipationsenergie E_δ für einzelne Lastwechsel darstellen, handelt es sich bei den Werten entsprechend um die Steigung der hier betrachteten Verläufe der kumulierten Dissipationsenergie ΣE_δ. Somit nimmt die Steigung des Verlaufs der kumulierten Dissipationsenergie ΣE_δ des Probekörpers ZA2.10 mit fortschreitender Versuchsdauer zu, da der in Abbildung 5.4 dargestellte Verlauf des Probekörpers ansteigt. Aufgrund des größtenteils konstanten Verlaufs der Dissipationsenergie E_δ je Lastwechsel beim Probekörper ZA3.1 ist der daraus resultierende Verlauf der kumulierten Dissipationsenergie ΣE_δ für diesen Probekörper annähernd linear.

In Tabelle 6-1 sind für alle 27 dynamisch beanspruchten Probekörper der Versuchsserien ZA die Bruchlastwechselzahlen N_f sowie die bis zum Versagen des Probekörpers kumulierte Dissipationsenergie ΣE_δ aufgeführt.

Tabelle 6-1: Kumulierte Dissipationsenergie ΣE_δ der Versuchsserie ZA

Probekörper	N_f [-]	f_P [Hz]	ΣE_δ [kJ]	Probekörper	N_f [-]	f_P [Hz]	ΣE_δ [kJ]
ZA3.7	717	8	2,40	ZA5.4	67	2	0,35
ZA2.4	858	8	3,11	ZA3.5	168	2	0,96
ZA1.5	1.517	8	5,54	ZA1.6	541	2	2,60
ZA3.4	1.870	8	7,52	ZA3.6	1.352	2	5,57
ZA2.5	3.138	8	8,93	ZA2.7	1.400	2	6,06
ZA5.3	5.490	8	16,04	ZA2.9	7.193	2	24,00
ZA2.6	6.418	8	19,07	ZA2.8	14.739	2	57,39
ZA3.9	12.516	8	31,20	ZA1.8	67.005	2	211,14
ZA1.7	19.246	8	39,66	ZA4.4	100.000*	2	302,44
ZA2.10	136.138	8	239,26	ZA1.2	385.614	2	815,03
ZA2.11	182.710	8	267,45	ZA4.6	1.000.000*	2	1.925,78
ZA4.5	206.640*	8	325,50	ZA3.8	1.000.000*	2	1.971,65
ZA1.12	730.335	8	981,61	* ≙ Durchläufer			
ZA1.10	1.000.000*	8	1.145,37				
ZA3.1	1.272.908	8	1.580,46				

Die Werte der kumulierten Dissipationsenergie ΣE_δ übersteigen dabei die Werte der elastischen und plastischen Energie E_{el} und E_{pl} aus Tabelle 3-3 um ein vielfaches. Dabei ist zu beachten, dass die Werte der kumulierten Dissipationsenergie ΣE_δ in der Einheit Kilojoule (kJ) und die der anderen Energieanteile E_{el} und E_{pl} in der Einheit Joule (J) angegeben sind. Für die Durchläufer wurde die bis zum Versuchsende kumulierte Dissipationsenergie ΣE_δ aufgeführt. Es ist ersichtlich, dass die Werte der kumulierten Dissipationsenergie ΣE_δ mit ansteigender Bruchlastwechselzahl N_f zunehmen. Dies ist insbesondere in Abbildung 6.2 und Abbildung 6.3 zu erkennen. Dort sind für sämtliche Versuche, bei denen es zum Versagen des Probekörpers kam, die kumulierten Dissipationsenergien ΣE_δ gegenüber der jeweiligen Bruchlastwechselzahl N_f in doppelt-logarithmischer Darstellung aufgetragen. Demnach handelt es sich bei den einzelnen Punkten um die verschiedenen Probekörper mit den Werten aus Tabelle 6-1.

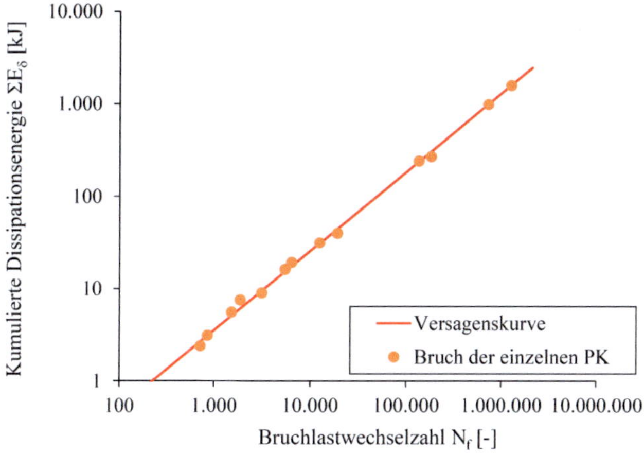

Abbildung 6.2: Kumulierte Dissipationsenergie ΣE_δ zum Zeitpunkt des Versagens der einzelnen Probekörper in doppelt-logarithmischer Darstellung; $f_p = 8$ Hz, $S_U = 0,05$

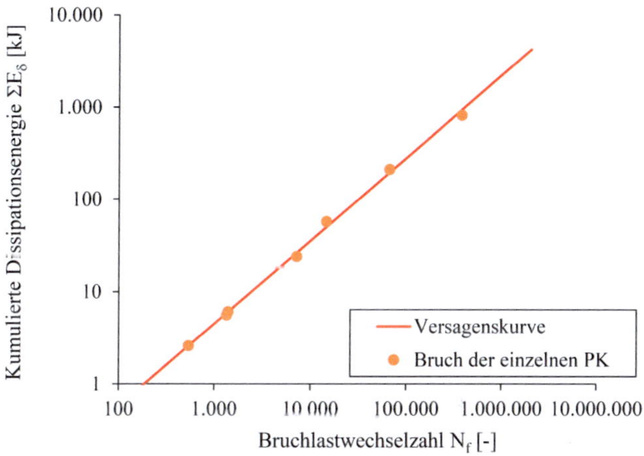

Abbildung 6.3: Kumulierte Dissipationsenergie ΣE_δ zum Zeitpunkt des Versagens der einzelnen Probekörper in doppelt-logarithmischer Darstellung; $f_p = 2$ Hz, $S_U = 0,05$

Die doppelt-logarithmische Darstellung ist erforderlich, um die Ergebnisse aller Versuche anschaulich darstellen zu können. Es zeigt sich, dass die sogenannten Versagenspunkte der einzelnen Probekörper bei gleicher Prüffrequenz f_p auf einer Kurve liegen. Eine solche Kurve, die von der Prüffrequenz f_p abhängt, beschreibt demnach den Wert der kumulierten Dissipationsenergie ΣE_δ, der für die jeweilige Bruchlastwechselzahl N_f zu erwarten ist. Entsprechend werden die beiden Kurven in Abbildung 6.2 und Abbildung 6.3 als Versagenskurven bezeichnet.

Für diese Versagenskurven liefern Potenzfunktionen die beste Näherung. Über die Methode der kleinsten Fehlerquadrate ergaben sich folgende Funktionen zur Beschreibung der kumulierten Dissipationsenergie ΣE_δ in Abhängigkeit von der Bruchlastwechselzahl N_f:

$$\Sigma E_{\delta,Vers,8Hz}(N_f) = 0{,}0107\ kJ \cdot N_f^{0{,}844} \qquad \text{Gl. 6.1}$$

$$\Sigma E_{\delta,Vers,2Hz}(N_f) = 0{,}0090\ kJ \cdot N_f^{0{,}897} \qquad \text{Gl. 6.2}$$

Der Vergleich der Verläufe der kumulierten Dissipationsenergie ΣE_δ von einzelnen Probekörpern zusammen mit der ermittelten Versagenskurve für die Prüffrequenz $f_p = 8$ Hz in Abbildung 6.4 zeigt, dass der Verlauf eines einzelnen Probekörpers unterhalb der für die Versuchsserie ermittelten Versagenskurve liegt.

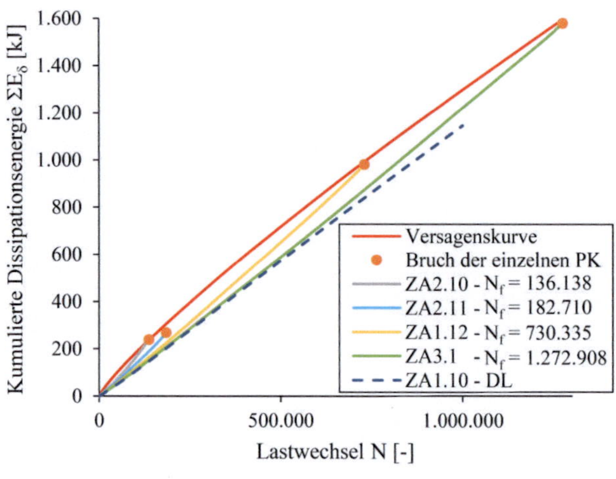

Abbildung 6.4: Verläufe der kumulierten Dissipationsenergie ΣE_δ für fünf ausgewählte Probekörper und Darstellung der Versagenskurve der Versuchsserie ZA; $f_p = 8$ Hz, $S_U = 0{,}05$

Zu beachten ist, dass die Verläufe in Abbildung 6.4 im Gegensatz zu den vorangegangenen Darstellungen in Abbildung 6.2 und Abbildung 6.3 nicht mehr im doppelt-logarithmischen Maßstab dargestellt sind. Während die Steigung der Versagenskurve abnimmt, nehmen die Steigungen der Probekörperverläufe zu oder bleiben wie für Probekörper ZA3.1 annähernd konstant. Sobald die Steigung der kumulierten Dissipationsenergie ΣE_δ gleich oder größer als die Steigung der Versagenskurve für die entsprechende (Bruch-)Lastwechselzahl ist, nähern sich die Kurven solange an, bis sie sich schneiden. Dieser Schnittpunkt, bei dem die kumulierte Dissipationsenergie ΣE_δ eines Probekörpers genauso groß ist wie der Wert der Versagenskurve für die entsprechende (Bruch-)Lastwechselzahl, beschreibt den Zeitpunkt des Versagens eines Probekörpers. Da die Versagenskurve eine Näherungslösung ist, handelt es sich entsprechend um einen theoretischen Versagenszeitpunkt. Der tatsächliche Versagenszeitpunkt eines Probekörpers kann geringfügig von dem Schnittpunkt abweichen (siehe Abbildung 6.4).

Entsprechend der beschriebenen Bedeutung der Versagenskurve kann für jeden weiteren Versuch der Versuchsserie durch Betrachtung der kumulierten Dissipationsenergie ΣE_δ der Versagenszeitpunkt abgeschätzt werden. Bei dem Verlauf der kumulierten Dissipationsenergie ΣE_δ des Probekörpers ZA1.10, bei dem es sich um einen Durchläufer handelt, kommt es zu keiner deutlichen Annäherung an die Versagenskurve. Da bei Versuchsende der Abstand zur Versagenskurve ebenfalls relativ groß war, kann davon ausgegangen werden, dass ein Versagen des Probekörpers nicht unmittelbar bevorstand. Ein auf die hier beschriebenen Zusammenhänge aufbauender Schädigungsindikator wird in Kapitel 7 vorgestellt. Außerdem wird mit dem Schädigungsindikator ein Schädigungsmodell beschrieben.

Der Unterschied zwischen den Versagenskurven für die beiden Prüffrequenzen $f_p = 8$ Hz und $f_p = 2$ Hz, die mit den Gleichungen 6.1 und 6.2 beschrieben werden, wird in Abbildung 6.5 deutlich. Die Versagenskurve der 2 Hz-Versuche verläuft steiler, wodurch sich der Abstand der beiden Versagenskurven mit zunehmender Bruchlastwechselzahl N_f vergrößert. Diese Frequenzabhängigkeit resultiert aus den bereits in Kapitel 5.3 beschriebenen größeren Werten der Dissipationsenergie E_δ der 2 Hz-Versuche gegenüber den Werten der 8 Hz-Versuche bei vergleichbaren Bruchlastwechselzahlen N_f. Aufgrund der Exponenten der Funktionen der Versagenskurven, die kleiner als eins sind, ergibt sich für beide Versagenskurven eine abnehmende Steigung. Diese abnehmende Steigung lässt sich analog zu den Ausführungen in Kapitel 5.5 ebenfalls mit der Abhängigkeit der Dissipationsenergie E_δ von der Anzahl der vorangegangenen Lastwechsel erklären. Diese Abhängigkeit bewirkt, dass das Verhältnis der Dissipationsenergie E_δ je Lastwechsel zur Schädigung mit zunehmender Lastwechselzahl N abnimmt. Entsprechend versagt auch der Probekörper ZA3.1. Im Gegensatz zur Entwicklung der Dissipationsenergie E_δ je Lastwechsel (vgl. Abbildung 5.4) nimmt die Schädigung des Probekörpers ZA3.1 offensichtlich zu. Somit kommt es auch zu einem Schnittpunkt zwischen der Versagenskurve und der kumulierten Dissipationsenergie ΣE_δ des Probekörpers in Abbildung 6.4.

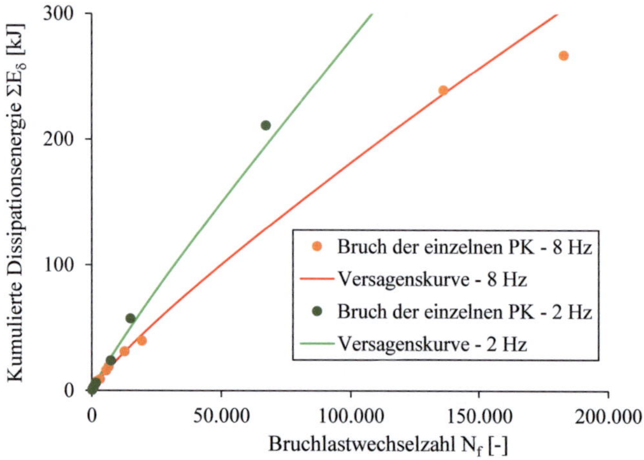

Abbildung 6.5: Vergleich der Versagenskurven der Versuchsserien ZA für $f_p = 8$ Hz und $f_p = 2$ Hz; $S_U = 0{,}05$

6.2 Auswertung von zusätzlichen Versuchsserien

Um die Gültigkeit der in Kapitel 6.1 beschriebenen Zusammenhänge sowie die Einflüsse verschiedener Versuchs- und Materialparameter auf die Versagenskurven zu überprüfen, wird in diesem Kapitel die kumulierte Dissipationsenergie ΣE_δ für weitere Versuchsserien ausgewertet und Versagenskurven ermittelt. Die Bruchlastwechselzahlen N_f und die Werte der kumulierten Dissipationsenergie ΣE_δ für alle ausgewerteten Probekörper der verschiedenen Versuchsserien befinden sich im Anhang A.2. Ebenfalls sind dort analog zu Abbildung 6.2 die Versagenskurven der verschiedenen Versuchsserien zusammen mit den Auswertungspunkten der einzelnen Probekörper grafisch dargestellt.

Zunächst wird die Versuchsserie ZB ausgewertet. Dabei handelt es sich um die identische Betoncharge mit der gleichen Nachbehandlung wie die in Kapitel 3 beschriebenen und in Kapitel 5 sowie Kapitel 6.1 ausgewerteten Versuchsserien ZA. Die Versuchsserien unterscheiden sich lediglich in der Probekörpergeometrie. Während die Zylinder der Serien ZA die Abmessungen h = 300 mm und d = 100 mm besitzen, haben die Probekörper der Serie ZB die Abmessungen h = 180 mm und d = 60 mm. Die Versuche wurden mit einer Prüffrequenz von f_p = 8 Hz und einem bezogenen Unterspannungsniveau S_U = 0,05 durchgeführt. Analog zu den Versuchsserien ZA variierte das bezogene Oberspannungsniveau S_O für die einzelnen Probekörper. Insgesamt konnten acht Versuche für die Auswertung verwendet werden. Bei weiteren Versuchen handelte es sich um Durchläufer oder es traten Messfehler auf. Die Ergebnisse der kumulierten Dissipationsenergie ΣE_δ und der zugehörigen Bruchlastwechselzahl N_f sind in Abbildung 6.6 zusammen mit der daraus ermittelten Versagenskurve dargestellt.

Die Näherungslösung der Versagenskurve ergibt sich entsprechend Gleichung 6.3:

$$\Sigma E_{\delta,Vers,ZB}(N_f) = 0{,}0007\ kJ \cdot N_f^{0{,}805} \qquad \text{Gl. 6.3}$$

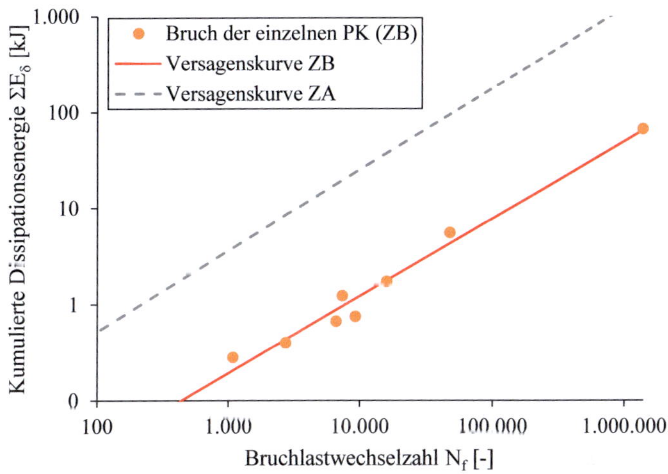

Abbildung 6.6: Kumulierte Dissipationsenergie ΣE_δ zum Zeitpunkt des Versagens der einzelnen Probekörper der Versuchsserie ZB mit den Versagenskurven ZA und ZB in doppelt-logarithmischer Darstellung; f_p = 8 Hz, S_U = 0,05

Bei der für die Versuchsserie ZB ermittelten Näherungslösung der Versagenskurve handelt es sich ebenfalls um eine Potenzfunktion mit abnehmender Steigung. Vergleicht man diese Versagenskurve mit der ebenfalls in Abbildung 6.6 dargestellten Versagenskurve der Versuchsserie ZA für die Prüffrequenz $f_p = 8$ Hz, ergeben sich für die verschiedenen Bruchlastwechselzahlen N_f deutlich kleinere Werte der kumulierten Dissipationsenergie ΣE_δ. Die Werte der Versuchsserie ZA mit den größeren Probekörpern sind etwa zwanzigmal größer als die Werte der Versuchsserie ZB. Ein Grund für diesen Unterschied ist das Probekörpervolumen. Mit einem abnehmenden Probekörpervolumen nehmen auch Anzahl und Länge der Risse ab und entsprechend der Gleichung 4.4 auch die dissipierte Energie E_δ. Da das Verhältnis der Probekörpervolumen $V_{ZA}/V_{ZB} \approx 4{,}6$ beträgt, lässt sich der Unterschied der Dissipationsenergie hiermit nur teilweise begründen.

Bei beiden Probekörpergeometrien wurde die gleiche Betonzusammensetzung mit der gleichen Sieblinie der Gesteinskörnung verwendet. Aufgrund der gleichen Korngrößenverteilung ist davon auszugehen, dass die einzelnen Risse, die größtenteils an den Korngrenzflächen zu erwarten sind, bei beiden Versuchsserien etwa gleich groß sind. Der individuelle Reibweg Δs von einem Riss hängt somit von der Dehnung des Probekörpers ab und ist unabhängig von der Probekörperhöhe. Die aufgebrachten Spannungen sowie die Reibbeiwerte μ_i der Rissflächen sind ebenfalls unabhängig von der Probekörpergeometrie. Somit ist davon auszugehen, dass auch das Verhältnis der Rissflächen annähernd $\Sigma A_{Riss,ZA} / \Sigma A_{riss,ZB} \approx 20$ beträgt. Dies lässt sich neben dem Volumenunterschied mit einem Maßstabseffekt erklären. Durch die gleiche Korngrößenverteilung des Zuschlags sind die Korngrößen bei der Versuchsserie ZB relativ zur Probekörpergeometrie größer. Dadurch wird das qualitative Rissbild verändert. Um ein vergleichbares Rissbild zu erreichen, hätten für die Versuchsserie ZB ebenfalls geringere Korngrößen verwendet werden müssen. Die Untersuchungen in (Otto et al. 2019) belegen, dass mit einer Verringerung des Größtkorndurchmessers die Dissipationsenergie E_δ und somit die Probekörpererwärmung zunehmen. Begründet wird dies mit der Zunahme der Kornoberflächen bei kleineren Korndurchmessern. Daraus folgt, dass eine maßstabsgerechte Anpassung der Korngrößen für die Versuchsserie ZB eine Vergrößerung der Dissipationsenergie E_δ zur Folge hätte, wodurch wiederum eine geringere Differenz der Energiewerte zwischen den beiden Versuchsserien zu erwarten wäre. Die Versagenskurven sind demnach neben der Prüffrequenz f_p auch von der Probekörpergeometrie abhängig.

Nach der Betrachtung der Versuchsserien ZA und ZB wird im Folgenden die kumulierte Dissipationsenergie ΣE_δ für einen höherfesten Beton der Festigkeitsklasse C60/75 und für zwei hochfeste Betone der Festigkeitsklassen C80/95 sowie C100/115 ausgewertet. Dabei handelt es sich um Versuche, die bereits vor einigen Jahren am Institut für Massivbau der Leibniz Universität Hannover durchgeführt wurden, die jedoch erst im Rahmen dieser Arbeit energetisch ausgewertet wurden. Bei den Untersuchungen wurden neben dem Beton ebenfalls die verwendeten bezogenen Unterspannungen S_U und die Prüffrequenz f_p variiert. Für die Auswertung ergeben sich entsprechend der Tabelle 6-2 zehn verschiedene Versuchsserien. Während einer Versuchsserie bleibt das Material, die bezogene Unterspannung S_u und die Prüffrequenz f_p jeweils für alle Probekörper unverändert. Die bezogene Oberspannung S_O wurde hingegen zwischen den verschiedenen Probekörpern einer Versuchsserie angepasst. Analog zu den Versuchsserien ZA handelt es sich bei den in Tabelle 6-2 aufgeführten Versuchsserien um zylindrische Probekörper mit den Abmessungen d = 100 mm und h = 300 mm für die Versuchsserien der Festigkeitsklassen C80/95 und C100/115 sowie h = 280 mm für die Versuchsserien der Festigkeitsklasse C60/75. Das Probenalter zum Zeitpunkt der Untersuchungen lag zwischen 55 und 227 Tagen. Während für den Beton der Festigkeitsklasse C60/75 Gesteinskörnung mit einem Größtkorn d_G = 16 mm verwendet wurde, wurde für die beiden anderen Betone ein Größtkorn von d_G = 8 mm verwendet.

Tabelle 6-2: Weitere Versuchsserien, die hinsichtlich der kumulierten Dissipationsenergie ΣE_δ ausgewertet wurden

Beton	C60	C60	C80	C80	C80	C100	C100	C100	C100	C100
S_U [-]	0,05	0,05	0,4	0,2	0,05	0,4	0,2	0,05	0,05	0,05
f_p [Hz]	1	10	5	5	5	5	5	5	10	1
d_G [mm]	16	16	8	8	8	8	8	8	8	8
Alter [d]	~60	~60	~125	~100	~100	~230	~230	~230	~100	~230
Anz. PK	6	9	4	6	9	6	10	21	6	4

Nach dem in Kapitel 5 und Kapitel 6.1 beschriebenen Vorgehen wurden zunächst für jeden Lastwechsel eines Probekörpers die dissipierte Energie E_δ je Lastwechsel und deren Verläufe sowie anschließend die kumulierte Dissipationsenergie ΣE_δ der einzelnen Probekörper bis zum Versagenszeitpunkt ausgewertet. Aus den einzelnen Versagenspunkten wurde dann für jede der zehn in Tabelle 6-2 aufgeführten Versuchsserien eine Versagenskurve ermittelt (siehe Abbildung 6.7 und Abbildung 6.8). Die Werte der kumulierten Dissipationsenergie ΣE_δ aller ausgewerteten Probekörper befinden sich zusammen mit den jeweiligen Bruchlastwechselzahlen N_f und den resultierenden Versagenskurven in Anhang A.2. Während der Auswertung hat sich gezeigt, dass die zuvor festgelegte Einteilung der Versuchsserien sinnvoll war. In Abhängigkeit vom Beton, der Prüffrequenz f_p sowie der Unterspannung S_U ergeben sich unterschiedliche Versagenskurven. Der qualitative Verlauf der Versagenskurven unterscheidet sich jedoch nicht. Alle ermittelten Näherungslösungen der Versagenskurven werden ebenfalls durch Potenzfunktionen in Abhängigkeit von der

Bruchlastwechselzahl N_f und einem Exponenten, der kleiner als 1,0 ist, beschrieben. Somit ergeben sich die dargestellten Kurven mit abnehmender Steigung.

In Abbildung 6.7 sind für die Betone der Festigkeitsklassen C60/75 und C100/115 die Versagenskurven für unterschiedliche Prüffrequenzen f_p dargestellt. Bei allen Versuchsserien betrug das bezogene Unterspannungsniveau $S_U = 0{,}05$. Es zeigt sich, dass die Versagenskurven für die geringeren Prüffrequenzen oberhalb der Versagenskurven für die höheren Prüffrequenzen liegen. Der in Kapitel 6.1 beschriebene Einfluss der Prüffrequenz f_p kann somit bestätigt werden. Mit zunehmender Prüffrequenz f_p verringert sich die während der Versuche kumulierte Dissipationsenergie ΣE_δ.

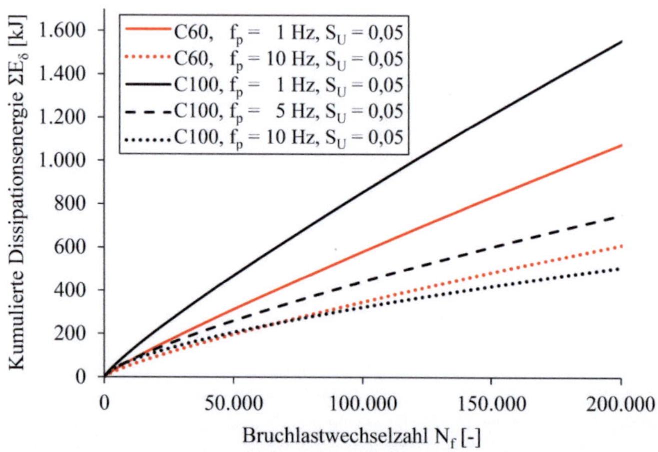

Abbildung 6.7: Vergleich der Versagenskurven verschiedener Betone bei unterschiedlichen Prüffrequenzen f_p

Der Vergleich der Versagenskurven der verschiedenen Betone bei gleicher Prüffrequenz zeigt hier keine eindeutige Tendenz. Während für die Versuchsserien mit der Prüffrequenz $f_p = 1$ Hz die Versagenskurve für den Beton der Festigkeitsklasse C100/115 oberhalb der Versagenskurve des Betons der Festigkeitsklasse C60/75 liegt, kehrt sich diese Tendenz bezogen auf die Versagenskurven bei einer Prüffrequenz von $f_p = 10$ Hz zumindest teilweise um. Bei kürzer laufenden Versuchen mit Bruchlastwechselzahlen $N_f < 65.000$ ergeben sich bei gleicher Bruchlastwechselzahl N_f für Probekörper des Betons C100/115 größere Werte der kumulierten Dissipationsenergie ΣE_δ, während sich bei länger laufenden Versuchen mit Bruchlastwechselzahlen $N_f > 65.000$

für Probekörper des Betons der Festigkeitsklasse C100/115 kleinere Werte der kumulierten Dissipationsenergie ΣE_δ bei gleicher Bruchlastwechselzahl N_f ergeben. Anzumerken ist an dieser Stelle, dass die beiden Betone sich neben der Festigkeit auch hinsichtlich des verwendeten Größtkorns unterscheiden. Berücksichtigt man den bereits erläuterten Einfluss des Größtkorns auf die Dissipationsenergie, ist davon auszugehen, dass eine Angleichung des Größtkorns bei dem Beton der Festigkeitsklasse C60/75 größere Werte der kumulierten Dissipationsenergie ΣE_δ bewirken würde.

Mit den Versagenskurven in Abbildung 6.8 soll neben dem Einfluss des Betons auch der Einfluss des bezogenen Unterspannungsniveaus S_U untersucht werden. Dargestellt sind für die beiden Betone der Festigkeitsklassen C80/95 und C100/115 die Versagenskurven von jeweils drei Versuchsserien mit einer Prüffrequenz von $f_p = 5$ Hz und den bezogenen Unterspannungsniveaus $S_U = 0{,}05$, $S_U = 0{,}2$ und $S_U = 0{,}4$. Es ergeben sich qualitativ sehr ähnliche Kurven mit einer abnehmenden Steigung. Außerdem zeigt sich für beide Betone, dass die Werte der Versagenskurven mit zunehmender bezogener Unterspannung S_U abnehmen. Somit wird bei gleicher Bruchlastwechselzahl N_f und Prüffrequenz f_p während Versuchen mit einem höheren bezogenen Unterspannungsniveau S_U über die gesamte Versuchslaufzeit deutlich weniger Energie ΣE_δ dissipiert als bei Versuchen mit einer geringeren bezogenen Unterspannung S_U. Entsprechend erwärmen sich bei gleicher Bruchlastwechselzahl N_f und Prüffrequenz f_p die Probekörper, die auf höheren bezogenen Unterspannungsniveaus S_U getestet werden, weniger stark.

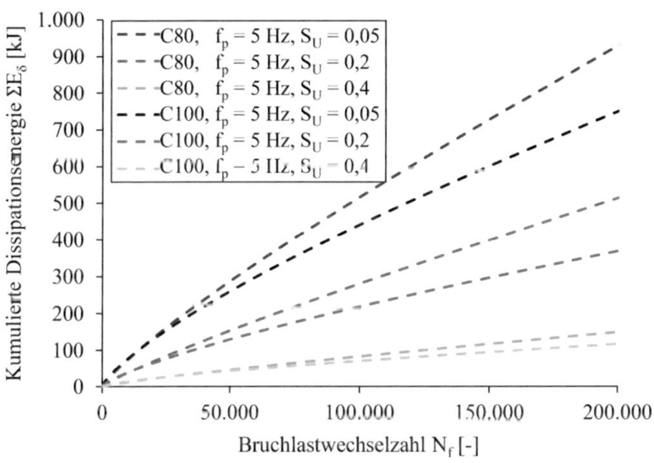

Abbildung 6.8: Vergleich der Versagenskurven verschiedener Betone bei unterschiedlichen bezogenen Unterspannungsniveaus S_U

Vergleicht man jeweils zwei Versagenskurven der beiden Betone mit gleicher bezogener Unterspannung S_U miteinander, ergeben sich für den Beton der Festigkeitsklasse C80/95 die höheren Werte der kumulierten Dissipationsenergie ΣE_δ (Abbildung 6.8). Im Gegensatz zu den in Abbildung 6.7 verglichenen Betonen der Festigkeitsklassen C60/75 und C100/115 wurde für die beiden hier verglichenen Betone der Festigkeitsklassen C80/95 und C100/115 Gesteinskörnung mit dem gleichen Größtkorndurchmesser d_G verwendet. Unter Berücksichtigung der Gleichung 4.4 zur Ermittlung der Dissipationsenergie E_δ eines Lastwechsels sowie der Darstellung der Hystereseflächen in Abbildung 2.25 war jedoch ein umgekehrter Einfluss mit höheren Werten der kumulierten Dissipationsenergie ΣE_δ für den Beton mit der höheren Festigkeitsklasse zu erwarten. Durch eine höhere Festigkeit ergibt sich auch eine größere Referenzfestigkeit und somit eine Erhöhung der absoluten Spannungsschwingbreite $\Delta\sigma$ im Ermüdungsversuch. Infolgedessen wäre auch eine Erhöhung der Dissipationsenergie E_δ je Lastwechsel und der während der gesamten Versuchslaufzeit kumulierten Dissipationsenergie ΣE_δ zu erwarten gewesen. Da jedoch die Versagenskurven des Betons der Festigkeitsklasse C100/115 unterhalb der entsprechenden Versagenskurven des Betons der Festigkeitsklasse C80/95 liegen, ist davon auszugehen, dass der verwendete Beton der Festigkeitsklasse C100/115 empfindlicher auf zyklische Beanspruchungen reagiert und demnach ein schlechteres Ermüdungsverhalten aufweist. Dies wird durch den Vergleich der Bruchlastwechselzahlen N_f der verschiedenen Spannungsniveaus in Abbildung 6.9 bestätigt. Ob dieser Einfluss aus der unterschiedlichen Festigkeit, dem unterschiedlichen Betonalter oder sonstigen Unterschieden in der Betonzusammensetzung resultiert, lässt sich ohne weitere Untersuchungen nicht feststellen.

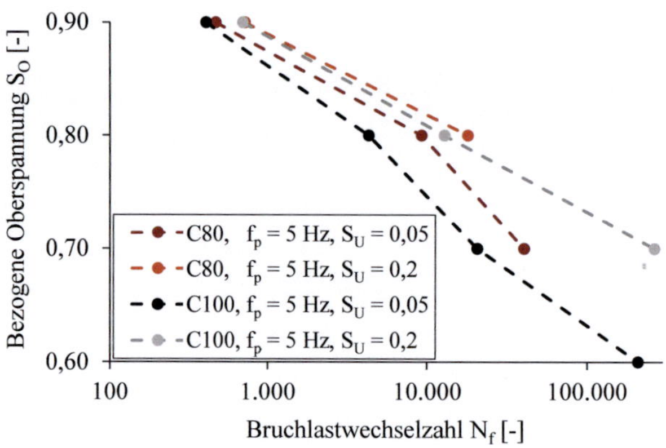

Abbildung 6.9: Vergleich der Wöhlerlinien verschiedener Betone bei unterschiedlichen bezogenen Unterspannungsniveaus S_U

Sämtliche ausgewertete und in den vorangegangenen Abbildungen dargestellte Versagenskurven lassen sich durch eine Potenzfunktion nach Gleichung 6.4 beschreiben:

$$\Sigma E_{\delta,Vers}(N_f) = a \cdot N_f^b \qquad \text{Gl. 6.4}$$

Um weitere Rückschlüsse der bereits untersuchten Einflüsse auf die Funktion der entsprechenden Versagenskurven zu ziehen, wird im Folgenden der Einfluss der Prüffrequenz f_p, des bezogenen Unterspannungsniveaus S_U und der Referenzdruckfestigkeit f_{ref} auf den Koeffizienten a und den Exponenten b der Potenzfunktion untersucht. Dabei bleiben bei den Auswertungen in Abbildung 6.10 bis Abbildung 6.12 jeweils zwei der drei Parameter unverändert. Eine Veränderung des Koeffizienten a beschreibt entsprechend der Gleichung 6.4 eine proportionale Veränderung der kumulierten Dissipationsenergiewerte ΣE_δ. Eine Veränderung des Exponenten b beschreibt hingegen eine Veränderung der Form der Versagenskurve. Im Wertebereich von $0 \leq b \leq 1{,}0$ bedeutet das, dass eine Verringerung des Exponenten b ein stärkeres Abflachen der Versagenskurve bewirkt. Dies hat insbesondere einen Einfluss auf die kumulierten Dissipationsenergiewerte ΣE_δ im Bereich höherer Bruchlastwechselzahlen N_f. Entsprechend liefert ein kleiner Exponent b einen Hinweis darauf, dass die Probekörper für die gewählten Versuchs- und Materialparameter im High-Cycle Fatigue Bereich sowie im Very-High-Cycle Fatigue Bereich ein eher schlechtes Ermüdungsverhalten aufweisen.

In Abbildung 6.10 wird für drei unterschiedliche Betone der Einfluss der Prüffrequenz f_p auf den Koeffizienten a und den Exponenten b für die Funktion der Versagenskurve nach Gleichung 6.4 ausgewertet.

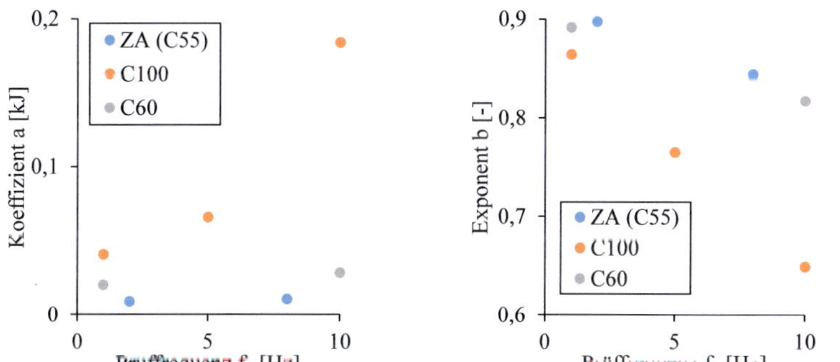

Abbildung 6.10: Einfluss der Prüffrequenz f_p auf die Koeffizienten a und Exponenten b der Versagensfunktionen auf dem bezogenen Unterspannungsniveau $S_U = 0{,}05$

Für die drei hier ausgewerteten Versuchsserien blieb das bezogene Unterspannungsniveau mit $S_U = 0{,}05$ unverändert. Während der Koeffizient a für den Beton der Festigkeitsklasse C100/115 mit zunehmender Prüffrequenz f_p deutlich ansteigt, ist diese Tendenz bei den zwei anderen Betonen zwar ebenfalls erkennbar, jedoch weniger ausgeprägt. Hingegen ist der Einfluss der Prüffrequenz f_p auf den Exponenten b eindeutig. Für alle drei Betone verringert sich der Exponent b mit zunehmender Prüffrequenz f_p. Demnach nehmen bei hohen Prüffrequenzen f_p insbesondere für hohe Bruchlastwechselzahlen N_f die Werte der kumulierten Dissipationsenergie ΣE_δ ab. Dies steht im Einklang zu den Ergebnissen aus (Hümme et al. 2016) und (Schneider & Marx 2018), wonach auf geringen Oberspannungsniveaus S_O die mit größeren Prüffrequenzen f_p getesteten Probekörper ein schlechteres Ermüdungsverhalten aufweisen als die mit geringeren Prüffrequenzen f_p getesteten Probekörper. Dieser Einfluss ist auf einen Temperatureffekt zurückzuführen (Schneider & Marx 2019).

Der Einfluss der bezogenen Unterspannung S_U wurde für zwei Betone in Abbildung 6.11 untersucht. Die Prüffrequenz blieb mit $f_p = 5$ Hz unverändert.

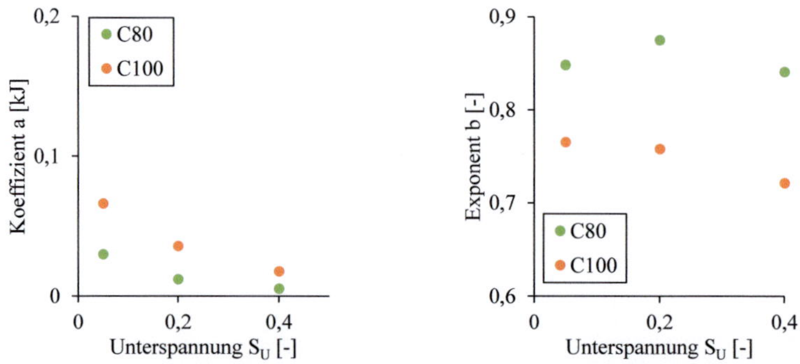

Abbildung 6.11: Einfluss der bezogenen Unterspannung S_U auf die Koeffizienten a und Exponenten b der Versagensfunktionen bei einer Prüffrequenz von $f_p = 5$ Hz

Während für den Exponenten b keine Abhängigkeit von der bezogenen Unterspannung S_U erkennbar ist, ist eine Abhängigkeit der bezogenen Unterspannung S_U auf den Koeffizienten a erkennbar. Mit abnehmendem bezogenem Unterspannungsniveau S_U verringert sich der Koeffizient a. Wie bereits bei der Bewertung der Versagenskurven aus Abbildung 6.8 erläutert, wird somit bei Versuchen mit größerer bezogener Unterspannung S_U weniger Energie E_δ dissipiert als bei Versuchen mit geringerer bezogener Unterspannung S_U. Offensichtlich wird der Großteil der Dissipationsenergie E_δ eines Lastwechsels im unteren Spannungsbereich dissipiert, wie auch die Hystereseflächen in Abbildung 5.1

zeigen. Außerdem ist die Spannungsschwingbreite $\Delta\sigma$ für gleiche Bruchlastwechselzahlen N_f bei einer Erhöhung der bezogenen Unterspannung S_U kleiner, wodurch wiederum auch die Hystereseflächen kleiner werden.

Wie bereits erläutert resultiert aus der dissipierten Energie E_δ die Temperaturerhöhung der Probekörper. Dabei handelt es sich um einen versuchstechnischen Einfluss, der das Ermüdungsverhalten nachweislich beeinflusst. Aus diesem Grund ist es Ziel zahlreicher aktueller Forschungsvorhaben einerseits diesen Einfluss zu quantifizieren und andererseits die Probekörpererwärmung durch optimierte Versuchskonzepte zu minimieren. Die hier beschriebene Abhängigkeit der Versagenskurve von der bezogenen Unterspannung S_U liefert hierzu einen weiteren Ansatz. Während derzeit die meisten Wöhlerversuche mit einer bezogenen Unterspannung von $S_U = 0{,}05$ durchgeführt werden, könnte durch eine Erhöhung der bezogenen Unterspannung S_U die Probekörpererwärmung und deren Einfluss auf die Untersuchungsergebnisse verringert werden. Durch eine detailliertere Einteilung der verschiedenen bezogenen Oberspannungsniveaus S_O wäre es dabei auch weiterhin möglich eine ausreichende Anzahl sowie Verteilung der Stützstellen zur Ermittlung von Wöhlerkurven zu erhalten.

Die Einflüsse unterschiedlicher Betonfestigkeiten auf die Funktion der Versagenskurven wird in Abbildung 6.12 untersucht. Sämtliche hier berücksichtigte Versuche wurden auf einem bezogenen Unterspannungsniveau von $S_U = 0{,}05$ durchgeführt. Unterschieden werden die ausgewerteten Versuchsserien entsprechend der Prüffrequenzen f_p. Dabei ist zu beachten, dass die Versuchsserien der Prüffrequenzen $f_p = 1$ Hz und $f_p = 2$ Hz sowie $f_p = 8$ Hz und $f_p = 10$ Hz jeweils in einer Datenreihe zusammengefasst wurden.

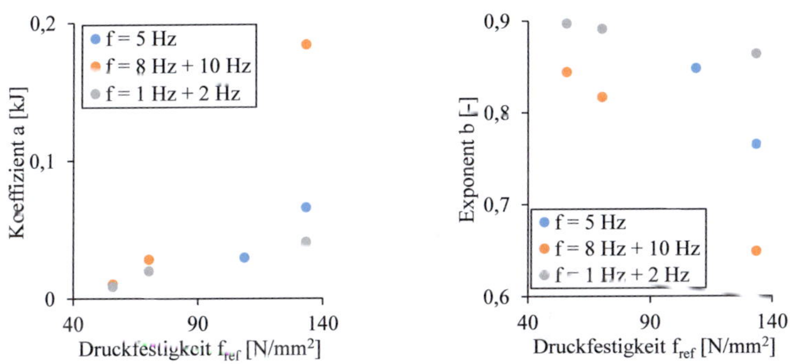

Abbildung 6.12: Einfluss der Druckfestigkeit f_{ref} auf die Koeffizienten a und Exponenten b der Versagensfunktionen auf dem bezogenen Unterspannungsniveau $S_U = 0{,}05$

Um die Auswirkungen der Betonfestigkeit f_{ref} zu untersuchen, besteht jede Datenreihe aus Versuchsserien unterschiedlicher Betone. Dass sich die Betone neben der Festigkeit auch im Alter und der allgemeinen Betonzusammensetzung unterscheiden, ist in der Bewertung der Abbildung ebenfalls zu berücksichtigen. Auffällig ist, dass die Druckfestigkeit auf den Koeffizienten a und den Exponenten b anscheinend einen gegensätzlichen Einfluss hat.

Während der Koeffizient a mit zunehmender Druckfestigkeit zunimmt, nimmt der Exponent b ab. Die Auswirkung ist ebenfalls im Kreuzen der Versagenskurven (f_p = 10 Hz) der unterschiedlichen Betone in Abbildung 6.7 ersichtlich. Bei kurz laufenden Versuchen mit einer geringen Bruchlastwechselzahl N_f scheint bei Versuchen an Betonen mit höherer Druckfestigkeit insgesamt mehr Energie ΣE_δ dissipiert zu werden. Vermutlich kehrt sich dieser Einfluss aufgrund eines schlechteren Ermüdungsverhaltens von hochfesten Betonen im Bereich größerer Lastwechselzahlen N um. Für höhere Bruchlastwechselzahlen N_f sind die Werte der kumulierten Dissipationsenergie ΣE_δ auf der Versagenskurve eines Betons mit größerer Druckfestigkeit kleiner als auf der Versagenskurve eines Betons mit geringerer Druckfestigkeit.

Bei allen ausgewerteten Versuchsserien ergeben sich für den Exponenten b der Potenzfunktion, die die Versagenskurve beschreibt, Werte von $b < 0{,}9$. Die Tendenzen des Exponenten b in Abhängigkeit von den Parametern Prüffrequenz f_p, bezogene Unterspannung S_U und Druckfestigkeit f_{ref} in Abbildung 6.10 bis Abbildung 6.12 scheinen dies zu bestätigen. Auch für andere Versuchsrandbedingungen ist demnach nicht mit größeren Werten für den Exponenten b zu rechnen. Somit verlaufen alle Versagenskurven mit abnehmender Steigung. Dies lässt sich mit der Abnahme des gemittelten Reibbeiwerts μ der Rissflächen über die Versuchslaufzeit erklären. Durch die Abnahme verändert sich das Verhältnis zwischen Schädigung und Dissipationsenergie E_δ je Lastwechsel und somit verringert sich die Steigung der Versagenskurve über die Versuchslaufzeit. Daraus ergibt sich, dass es bei allen Versuchen, deren Dissipationsenergie E_δ je Lastwechsel sich über die Versuchslaufzeit erhöht oder konstant bleibt, früher oder später zum Versagen kommt. Dies lässt sich anhand der Abbildung 6.13 erläutern. Dort sind qualitative Verläufe verschiedener Parameter von einem druckschwellbeanspruchten Probekörper dargestellt. Da entsprechend der Erläuterungen in Kapitel 5.5 mit zunehmender Lastwechselzahl N der gemittelte Reibbeiwert μ der Rissflächen abnimmt (Teilbild a_1), muss für einen konstanten oder ansteigenden Verlauf der Dissipationsenergie E_δ je Lastwechsel (Teilbild b) die Gesamtrissfläche ΣA_{Riss} zunehmen (Teilbild a_2). Dies ist wiederum gleichbedeutend mit einem Schädigungszuwachs, der sich auch in der Steifigkeitsdegradation zeigt (Teilbild c). Somit kommt es auch bei einem konstanten Verlauf der Dissipationsenergie E_δ je Lastwechsel zu einem Schnittpunkt von der kumulierten Dissipationsenergie ΣE_δ des Probekörpers mit der Versagenskurve (Teilbild d) und entsprechend zu einem Versagen des Probekörpers.

Für die Verläufe der Dissipationsenergie E_δ je Lastwechsel für die beiden untersuchten Probekörper in Abbildung 5.4 und Abbildung 5.5, bei denen kein Versagen eintrat, ergab sich eine negative Steigung. Diese Abnahme der Dissipationsenergie E_δ je Lastwechsel war entsprechend der vorangegangenen Erläuterungen zu erwarten. Es gilt jedoch zu beachten, dass auch bei einer Abnahme der Dissipationsenergie E_δ je Lastwechsel ein Probekörper versagen kann. Zu diesem Grenzfall kann es kommen, wenn der gemittelte Reibbeiwert μ schneller abnimmt als die Schädigung und somit die Gesamtrissfläche ΣA_{Riss} zunehmen.

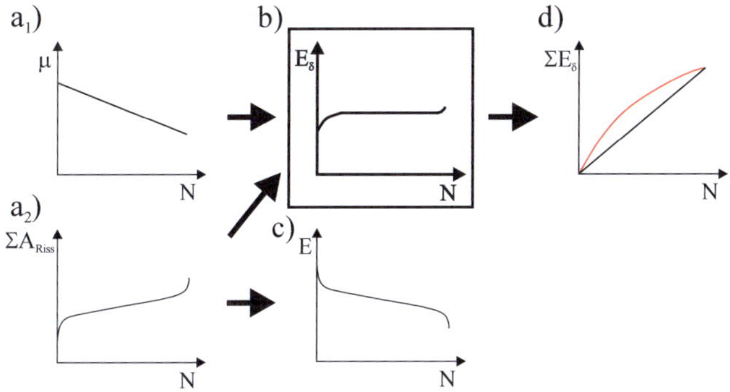

Abbildung 6.13: Darstellung von qualitativen Verläufen des durchschnittlichen Reibbeiwerts μ der Rissflächen, der Gesamtrissfläche ΣA_{Riss}, der Dissipationsenergie E_δ je Lastwechsel, des E-Moduls E und der kumulierten Dissipationsenergie ΣE_δ für einen druckschwellbeanspruchten Probekörper mit langsamer Schädigungsentwicklung

6.3 Zusammenfassung der Auswertungsergebnisse

Im Folgenden werden die Auswertungsergebnisse des Kapitels 6 nochmals zusammengefasst.

Bei der Betrachtung der Verläufe der kumulierten Dissipationsenergie ΣE_δ einzelner Probekörper über die Lastwechselzahl N zeigt sich, dass bei Versuchen mit einer geringen Bruchlastwechselzahl N_f die kumulierte Dissipationsenergie ΣE_δ gegenüber der Lastwechselzahl N überproportional ansteigt. Bei lang laufenden Versuchen mit großen Bruchlastwechselzahlen N_f steigt die kumulierte Dissipationsenergie ΣE_δ hingegen annähernd proportional zur Lastwechselzahl N an.

Während zunächst die kumulierte Dissipationsenergie ΣE_δ einzelner Versuche betrachtet wurde, wurden anschließend Versagenskurven für Versuchsserien ermittelt. Diese resultieren aus den Versagenspunkten verschiedener Probekörper, welche wiederum durch die Bruchlastwechselzahl N_f und die kumulierte Dissipationsenergie ΣE_δ zum Versagenszeitpunkt beschrieben werden. Die Versagenskurven werden dabei durch Potenzfunktionen beschrieben und sind abhängig von der Probekörpergeometrie, der Prüffrequenz f_p, der bezogenen Unterspannung S_U und der Betonzusammensetzung. Der Verlauf der Versagenskurve beschreibt dabei nicht den Verlauf der kumulierten Dissipationsenergie ΣE_δ eines einzelnen Versuchs, sondern die kumulierte Dissipationsenergie ΣE_δ verschiedener Probekörper zum Zeitpunkt ihres Versagens in Abhängigkeit von der jeweiligen Bruchlastwechselzahl N_f. Durch die Form der Versagenskurve ist es außerdem möglich, Rückschlüsse auf das Ermüdungsverhalten des Betons unter den untersuchten Versuchsrandbedingungen zu ziehen.

Für die Bewertung eines einzelnen Probekörpers wird in Kapitel 7 ein neuer Schädigungsindikator unter Verwendung der entsprechenden Versagenskurve der jeweiligen Versuchsserie vorgestellt. Auf Basis dieses Schädigungsindikators wird wiederum ein Schädigungsmodell beschrieben.

7 Schädigungsmodell

7.1 Einstufenversuche

Aufbauend auf den Erläuterungen im vorangegangenen Kapitel wird nun die kumulierte Dissipationsenergie ΣE_δ als Schädigungsindikator verwendet und darauf aufbauend ein Schädigungsmodell erstellt. Dieses Schädigungsmodell ist zunächst auf druckschwellbeanspruchte Einstufenversuche mit festen Ober- und Unterspannungsniveaus limitiert.

Aus den Auswertungen in Kapitel 6 geht hervor, dass die Versagenskurve einer Versuchsserie die bis zum Versagenszeitpunkt kumulierte Dissipationsenergie $\Sigma E_{\delta,Vers}$ in Abhängigkeit von der Bruchlastwechselzahl N_f beschreibt. Zum Versagen eines Probekörpers kommt es sobald die kumulierte Dissipationsenergie $\Sigma E_{\delta,vorh}$ genauso groß ist wie die kumulierte Dissipationsenergie der Versagenskurve $\Sigma E_{\delta,Vers}$ für die entsprechende (Bruch-) Lastwechselzahl (vgl. Abbildung 6.4):

$$\Sigma E_{\delta,vorh}(N) = \Sigma E_{\delta,Vers}(N) \qquad \text{Gl. 7.1}$$

Aus den Verläufen der kumulierten Dissipationsenergie $\Sigma E_{\delta,vorh}(N)$ einzelner Probekörper wird ersichtlich, dass mit fortschreitender Versuchsdauer der relative Abstand zur Versagenskurve $\Sigma E_{\delta,Vers}(N)$ kleiner wird. Basierend auf diesen Erkenntnissen wird nach Gleichung 7.2 der Schädigungsparameter D(N) mit dem Verhältnis der kumulierten Dissipationsenergie $\Sigma E_{\delta,vorh}(N)$ des Probekörpers zur kumulierten Dissipationsenergie der Versagenskurve $\Sigma E_{\delta,Vers}(N)$ beschrieben. Mit diesem Schädigungsparameter D(N) wird durch die Festlegung des Wertebereichs ein neues Schädigungsmodell eingeführt. Der theoretische Wertebereich liegt zwischen D(N) = 0, wenn keinerlei Energie dissipiert wurde und entsprechend keine Schädigung vorliegt, sowie D(N) = 1,0, sobald die Versagenskurve erreicht wird und es zum Versagen des Probekörpers kommt.

$$D(N) = \frac{\sum E_{\delta,vorh}(N)}{\sum E_{\delta,Vers}(N)} \leq 1{,}0 \qquad \text{Gl. 7.2}$$

Anzumerken ist, dass nach Gleichung 7.2 nicht pauschal von einem linearen Zusammenhang zwischen dem Schädigungsparameter D(N) und der kumulierten Dissipationsenergie ΣE_δ ausgegangen werden kann. Die Lastwechselzahl N beeinflusst indirekt über die Versagenskurve den genauen Zusammenhang. Durch den Bezug zu der Versagenskurve für die entsprechende Lastwechselzahl N wird die in den Kapiteln 5.3 und 6.2 beschriebene Veränderung des Verhältnisses zwischen der Dissipationsenergie E_δ und dem Schädigungsgrad berücksichtigt. Zu dieser Veränderung kommt es aufgrund der Verringerung des durchschnittlichen Reibbeiwerts μ der Rissflächen mit zunehmender Lastwechselzahl N. Dies führt dazu, dass sich bei zwei Probekörpern einer Versuchsserie aus gleich großen Werten der kumulierten Dissipationsenergie ($\Sigma E_{\delta,vorh}(N_1) = \Sigma E_{\delta,vorh}(N_2)$) unterschiedlich große Werte des Schädigungsparameters ($D(N_1) \neq D(N_2)$) ergeben. Grund hierfür sind die unterschiedlichen Werte der Versagenskurve $\Sigma E_{\delta,Vers}(N)$ für unterschiedliche Lastwechselzahlen ($N_1 \neq N_2$).

Da nicht davon auszugehen ist, dass es während eines zyklischen Versuchs zu einer Heilung von bestehenden Rissen kommt, bleibt eine einmal eintretende Schädigung immer vorhanden. Entsprechend sollte über die Versuchslaufzeit der Wert des Schädigungsparameters D(N) nie abnehmen.

Die mit Gleichung 7.2 ermittelten Schädigungsverläufe D(N) von den Versuchen der Versuchsserie ZA mit einer Prüffrequenz von $f_p = 8$ Hz sind in Abbildung 7.1 aufgeführt.

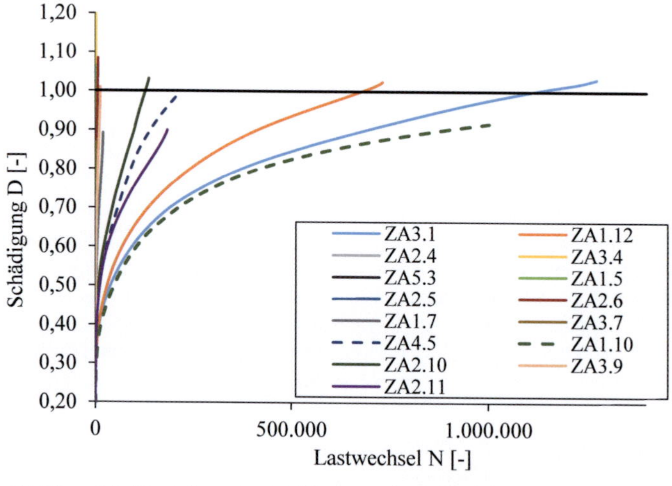

Abbildung 7.1: Darstellung der Schädigungsverläufe D(N) der Versuchsserie ZA; $f_p = 8$ Hz

Es zeigt sich, dass für alle Versuche der Schädigungsparameter D(N) stetig zunimmt. Wie zu erwarten, hängt die Steigung der Verläufe von der Bruchlastwechselzahl N_f ab. Je kleiner die Bruchlastwechselzahl N_f, desto schneller nimmt die Steigung zu. Bei den beiden gestrichelten Verläufen handelt es sich um Durchläuferversuche, bei denen es nicht zum Versagen des Probekörpers kam. Beide Verläufe erreichen nicht den theoretischen Schädigungswert für ein Versagen des Probekörpers von D = 1,0. Während entsprechend des Verlaufs beim Probekörper ZA4.5 ein Versagen anscheinend unmittelbar bevorstand, wären für ein Versagen des Probekörpers ZA1.10 zahlreiche weitere Lastwechsel erforderlich gewesen. Zum Versagenszeitpunkt liegen die Schädigungswerte $D(N_f)$ sämtlicher Probekörper im Bereich von $D(N_f) = 0{,}87$ und $D(N_f) = 1{,}21$.

Für einen relativen Vergleich der Schädigungsentwicklung sind die Verläufe $D(N/N_f)$ in Abbildung 7.2 in Abhängigkeit von der relativen Lastwechselzahl N/N_f dargestellt. Die gestrichelten Linien geben wiederum die Verläufe der Versuche, bei denen kein Versagen stattgefunden hat, an. Für diese Versuche wurden die relativen Lastwechselzahlen N/N_f auf die Lastwechselzahl N_{Gr} am Versuchsende bezogen. Auch hier wird der Eindruck bestätigt, dass beim Probekörper ZA4.5 ein Versagen unmittelbar bevorstand und sich beim Probekörper ZA1.10 am Versuchsende noch kein Versagen ankündigte.

Für die Versuche, bei denen es zu einem Versagen kam, ergeben sich annähernd parallele Verläufe mit einem starken Anstieg zu Beginn. Die Steigung nimmt fortschreitend ab bis es ab einer relativen Lastwechselzahl von $N/N_f \approx 0{,}20$ zu einem annähernd linearen Verlauf kommt. Kurz vor dem Versagen nimmt die Steigung nochmals zu. Es ergibt sich analog zu dem Verlauf der Dissipationsenergie E_δ je Lastwechsel sowie zu weiteren in Kapitel 2.1.3.3 dargestellten Verläufen von bisherigen Schädigungsindikatoren auch hier ein dreiphasiger Verlauf. Mit dem Verlauf des Probekörpers ZA3.4 scheint es lediglich einen Ausreißer zu geben, wobei auch hier zumindest der qualitative Verlauf deutliche Ähnlichkeiten zu den anderen Probekörperverläufen aufweist.

Verläufe des Schädigungsparameters $D(N/N_f)$ der mit einer Prüffrequenz von $f_p = 2$ Hz beanspruchten Probekörper der Versuchsserie ZA sind in Abbildung 7.3 aufgezeigt. Auch für diese Probekörper ergeben sich dreiphasige Schädigungsverläufe. Die Schädigungswerte am Versuchsende liegen dabei zwischen $D(N_f) = 0{,}89$ und $D(N_f) = 1{,}16$. Bei den Verläufen der drei nicht versagten Probekörper ZA3.8, ZA4.4 und ZA4.6 gibt es hingegen keine dritte Phase mit einem erneuten Anstieg der Schädigungszunahme. Gemeinsam mit den geringen Schädigungswerten $D(N)$ zum Versuchsende lässt sich für die Probekörper ZA3.8 und ZA4.6 schlussfolgern, dass ein Versagen nicht unmittelbar bevorstand. Der Verlauf des dritten Durchläufers ZA4.4 liegt hingegen ab der relativen Lastwechselzahl $N/N_f \approx 0{,}6$ oberhalb des theoretischen Schädigungswerts für ein Versagen von $D(N) = 1{,}0$, trotzdem kam es nicht zum Versagen des Probekörpers. Auch die Lastwechselzahl am Versuchsende lag mit N = 100.000 deutlich höher als die in Tabelle 3-2 aufgeführten Bruchlastwechselzahlen N_f der beiden anderen Probekörper des gleichen Lastniveaus mit $N_f = 1.352$ und $N_f = 1.400$. Dies weist darauf hin, dass sich dieser Probekörper offensichtlich deutlich von den anderen Probekörpern unterschieden hat. Aus diesem Grund wird dieser Probekörper als Ausreißer betrachtet und sein Schädigungsverhalten nicht weitergehend analysiert.

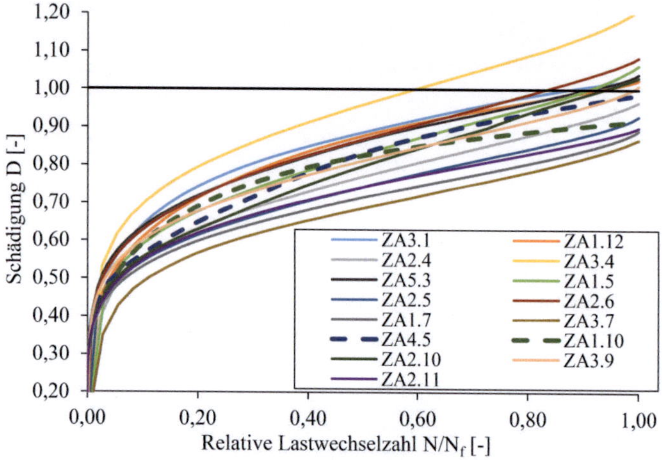

Abbildung 7.2: Darstellung der auf die normierten Lastwechselzahlen bezogenen Schädigungsverläufe $D(N/N_f)$ der Versuchsserie ZA; $f_p = 8$ Hz

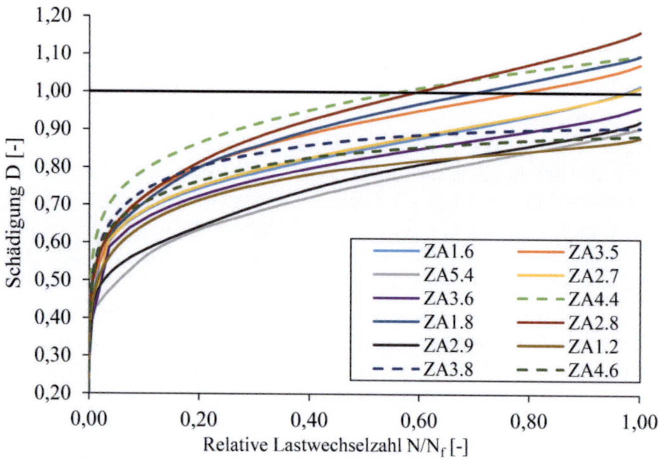

Abbildung 7.3: Darstellung der auf die normierten Lastwechselzahlen bezogenen Schädigungsverläufe $D(N/N_f)$ der Versuchsserie ZA; $f_p = 2$ Hz

Gemäß dem Schädigungsparameter D(N) nach Gleichung 7.2 und den entsprechenden Verläufen aus Abbildung 7.2 und Abbildung 7.3 beträgt die Schädigung bereits nach weniger als $N/N_f = 10\ \%$ der Versuchsdauer über 50 %. In der Folge verringert sich der Schädigungszuwachs kontinuierlich. Dieser nichtlineare Schädigungszuwachs steht, wie auch die Ergebnisse weiterer in Kapitel 2.1.2 aufgeführter Untersuchungen, im Widerspruch zur Schädigungsakkumulationshypothese von *Palmgren* und *Miner* ((Palmgren 1924), (Miner 1945)). Beachtet man, dass aufgrund der für jeden Probekörper festgelegten bezogenen Ober- und Unterspannungsniveaus S_O und S_U die Größe der Beanspruchung gleich bleibt und sich mit jedem Lastwechsel lediglich wiederholt, erscheinen diese Verläufe sinnvoll.

Einerseits sind durch Vorschädigungen bereits vor Versuchsbeginn Mikrorisse vorhanden, andererseits entstehen weitere Mikrorisse mit dem Aufbringen der Mittellast vor dem ersten Lastwechsel sowie anschließend während des ersten Belastungszyklus. Ein Großteil dieser Mikrorisse wird dabei durch mechanische sowie auch thermische und hygrische Inkompatibilitäten verursacht und befindet sich an den Korngrenzen der Gesteinskörnung (Keller 1991). Entsprechend kommt es bereits mit dem ersten Lastwechsel zu Reibprozessen der vorhandenen sowie der neu entstehenden Mikrorisse. Im Gegensatz zu den meisten anderen Schädigungsindikatoren, bei denen lediglich die Veränderung über die Versuchslaufzeit ausgewertet wird, wird in dem hier beschriebenen Schädigungsmodell und den resultierenden Verläufen die Vorschädigung der Probekörper mitberücksichtigt.

Während der weiteren Lastwechsel wird die Beanspruchung nicht erhöht, sodass Energie hauptsächlich aufgrund der Reibung von vorhandenen Rissen sowie der Reibung einiger neuer Risse dissipiert wird. Die Schädigungszunahme orientiert sich dabei an der Dehnungsentwicklung und der Steifigkeitsdegradation. Mit jedem Lastwechsel zu Versuchsbeginn wird die Veränderung des Schädigungsparameters D(N) im Vergleich zum jeweils vorangegangenen Lastwechsel kleiner. Die Auswertungen der Schallemissionsanalyse bei weggeregelten Ermüdungsversuchen von *Spooner und Dougill* (Spooner & Dougill 1975) bestätigen qualitativ die Schädigungsverläufe aus Abbildung 7.2 und Abbildung 7.3. Die von *Spooner und Dougill* aufgeführten Ergebnisse der Schallemissionsanalyse zeigen, dass nach vielen hohen Signalamplituden während der Erstbelastung bei den nachfolgenden Lastzyklen erst weitere Signalamplituden aufgezeichnet werden, sobald die maximale Dehnung ε_O des vorangegangenen Lastzyklus überschritten wird. Da zu Versuchsbeginn bei kraftgeregelten Ermüdungsversuchen die Dehnungszunahme schnell abnimmt, kann entsprechend davon ausgegangen werden, dass auch die Schädigungszunahme deutlich abnimmt. Auch der dreiphasige Verlauf des in Kapitel 2.1.3.3 beschriebenen schädigungsinduzierten Dehnungsanteils ε_d nach (von der Haar & Marx 2017) entspricht qualitativ den hier aufgezeigten Verläufen des Schädigungsparameters D(N). Außerdem betragen die Werte des schädigungsinduzierten Dehnungsanteils ε_d nach $N/N_f = 10\%$ der Versuchsdauer bereits bis zu $\varepsilon_d/\varepsilon_{d,f} = 50\%$ des schädigungsinduzierten Dehnungsanteils $\varepsilon_{d,f}$ beim Versagen des jeweiligen Probekörpers (von der Haar 2016).

Mit dem entwickelten Schädigungsmodell kann somit für die Probekörper der qualitative Schädigungsverlauf über die Versuchslaufzeit beschrieben werden. Die aufgezeigten Verläufe des Schädigungsparameters D(N) sind plausibel und entsprechen qualitativ den Verläufen verschiedener Schädigungsindikatoren. Bei Verfügbarkeit einer Versagenskurve der jeweiligen Versuchsserie ist es neben der Darstellung des individuellen Schädigungsverlaufs eines Probekörpers ebenfalls möglich, bereits während der Versuchsdurchführung auf den aktuellen Schädigungszustand zu schließen.

In Tabelle 7-1 sind die Werte des Schädigungsparameters $D(N_f)$ nach Gleichung 7.2 zum Zeitpunkt des Probekörperversagens für die gesamte Versuchsserie ZA ausgewertet. Außerdem wurden die Werte des Schädigungsparameters $D(N_f)$ nach der Schädigungsakkumulationshypothese von *Palmgren* und *Miner* aus Gleichung 2.3 ermittelt ((Palmgren 1924), (Miner 1945)). Diese Auswertung erfolgte auf Grundlage der theoretischen Bruchlastwechselzahlen N_f aus dem Model Code 2010 (fib 2013). Es zeigt sich, dass die Werte $D(N_f)$ nach der Schädigungsakkumulationshypothese von *Palmgren* und *Miner* stärker variieren und im Mittel deutlich stärker von dem zu erwartenden Schädigungswert $D(N_f) = 1{,}0$ abweichen. Ein Grund dafür sind die in Kapitel 3.1.2 beschriebenen unterschiedlichen Vorschädigungen der Probekörper infolge des Trocknungsprozesses im Trocknungsofen. Diese finden bei der Auswertung des Schädigungsparameters D(N) nach Gleichung 7.2 Berücksichtigung, jedoch nicht bei der Auswertung nach der Schädigungsakkumulationshypothese von *Palmgren* und *Miner*. Insgesamt resultieren aus der Auswertung des Schädigungsparameters $D(N_f)$ nach Gleichung 7.2 in Tabelle 7-1 deutlich realistischere Werte mit geringeren Streuungen. Dies unterstreicht den Vorteil und die Plausibilität des in diesem Kapitel vorgestellten Schädigungsmodells.

Dieses Schädigungsmodell, dessen Anwendung in Abbildung 7.4 nochmals mithilfe eines Flussdiagramms erläutert wird, ist zunächst auf Einstufenversuche begrenzt. Im folgenden Kapitel 7.2 wird die Eignung des Modells auf Ermüdungsversuche mit wechselnden bezogenen Oberspannungsniveaus S_O untersucht und eine mögliche Modellerweiterung vorgestellt.

Tabelle 7-1: Vergleich der Werte der Schädigungsparameter $D(N_f)^1$ nach Gleichung 7.2 und $D(N_f)^2$ nach der Schädigungsakkumulationshypothese von *Palmgren* und *Miner* ((Palmgren 1924), (Miner 1945)) auf Basis der theoretischen Bruchlastwechselzahlen N_f nach dem Model Code 2010 (fib 2013)

PK	S_O [-]	S_U [-]	f_p [Hz]	N_f [-]	N_f [-] MC 2010	$D(N_f)^{1)}$ [-]	$D(N_f)^{2)}$ [-]
ZA2.4	0,80	0,05	8	858		0,97	0,58
ZA3.4	0,80	0,05	8	1.870	1.490	1,21	1,26
ZA5.3	0,80	0,05	8	5.490		1,04	3,68
ZA1.5	0,75	0,05	8	1.517		1,06	0,16
ZA2.5	0,75	0,05	8	3.138	9.254	0,93	0,34
ZA2.6	0,75	0,05	8	6.418		1,08	0,69
ZA1.7	0,70	0,05	8	19.246		0,89	0,33
ZA3.7	0,70	0,05	8	717	57.489	0,87	0,01
ZA4.5	0,70	0,05	8	206.640*		0,99	3,59
ZA2.10	0,65	0,05	8	136.138		1,03	0,38
ZA3.9	0,65	0,05	8	12.516	357.145	1,01	0,04
ZA1.10	0,65	0,05	8	1.000.000*		0,92	2,80
ZA3.1	0,60	0,05	8	1.272.908		1,03	0,57
ZA2.11	0,60	0,05	8	182.710	2.218.750	0,90	0,08
ZA1.12	0,60	0,05	8	730.335		1,02	0,33
ZA1.6	0,80	0,05	2	541		1,02	0,36
ZA3.5	0,80	0,05	2	168	1.490	1,07	0,11
ZA5.4	0,80	0,05	2	67		0,91	0,04
ZA3.6	0,75	0,05	2	1.352		0,96	0,15
ZA4.4	0,75	0,05	2	100.000*	9.254	1,10	10,81
ZA2.7	0,75	0,05	2	1.400		1,01	0,15
ZA1.8	0,70	0,05	2	67.005		1,10	1,17
ZA2.8	0,70	0,05	2	14.739	57.489	1,16	0,26
ZA2.9	0,70	0,05	2	7.193		0,92	0,13
ZA3.8	0,65	0,05	2	1.000.000*		0,91	2,80
ZA4.6	0,65	0,05	2	1.000.000*	357.145	0,89	2,80
ZA1.2	0,65	0,05	2	385.614		0,88	1,08

* Durchläufer

1) $D(N_f)$ nach Gl. 7.2

2) $D(N_f)$ nach der Palmgren-Miner-Hypothese auf Basis des MC2010

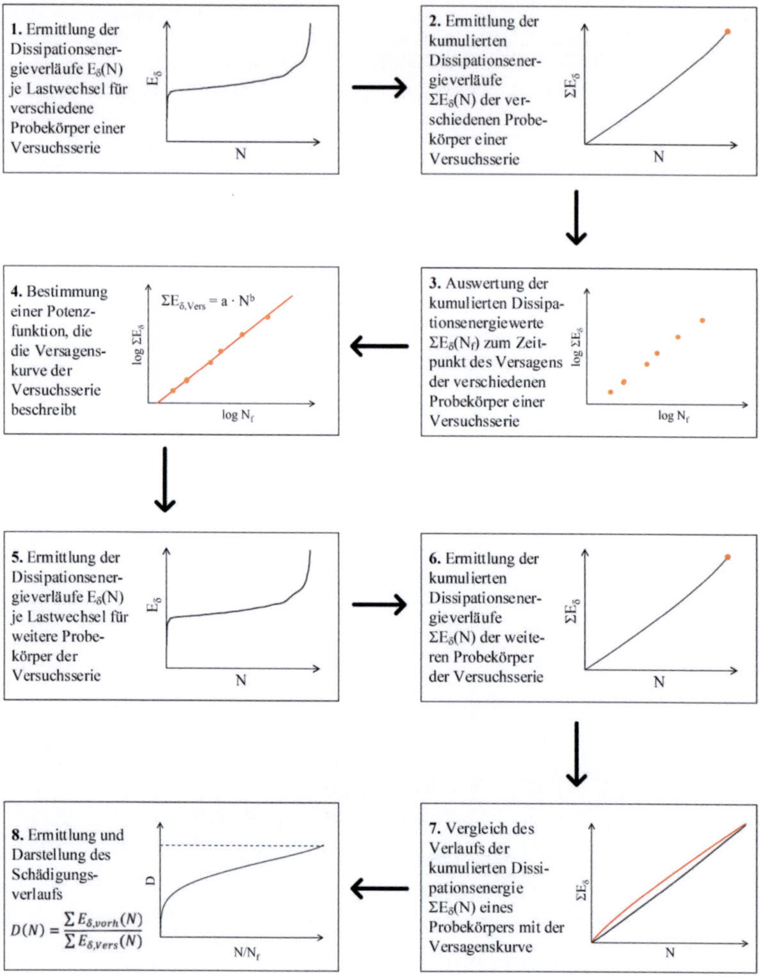

Abbildung 7.4: Ablaufschema zur Ermittlung der Verläufe des Schädigungsparameters D(N)

7.2 Mehrstufenversuche

7.2.1 Allgemeines

In diesem Kapitel wird das zuvor entwickelte Schädigungsmodell hinsichtlich der Anwendbarkeit für Ermüdungsversuche mit wechselnden Beanspruchungen untersucht und modifiziert. In dieser Arbeit wird sich auf wechselnde bezogene Oberspannungsniveaus S_O beschränkt. Das bezogene Unterspannungsniveau S_U sowie die Prüffrequenz f_P bleiben dabei unverändert.

Aus den in Kapitel 2.1.2 zusammengefassten Ergebnissen vergangener Untersuchungen zeigt sich, dass es offensichtlich eine Abhängigkeit der Schädigungsentwicklung vom Beanspruchungsverlauf gibt. So führte die Schädigungsakkumulation nach *Palmgren* und *Miner* ((Palmgren 1924) und (Miner 1945)) aus Gleichung 2.3 bei Ermüdungsversuchen mit ansteigender Beanspruchung teilweise zu deutlich anderen Ergebnissen als bei den zugehörigen Ermüdungsversuchen mit abnehmender Beanspruchung. Allerdings führten die verschiedenen Untersuchungen zu konträren Auswirkungen des Beanspruchungsverlaufs auf die Schädigungssumme D nach Gleichung 2.3. Aus diesem Grund wird bei den im Folgenden vorgestellten Untersuchungen auch zwischen Versuchen mit abnehmenden und ansteigenden Beanspruchungsverläufen unterschieden.

Das Schädigungsmodell aus Kapitel 7.1 wird zunächst für Beanspruchungsverläufe mit abnehmenden bezogenen Oberspannungsniveaus S_O entsprechend Abbildung 2.4 und anschließend für Beanspruchungsverläufe mit ansteigenden bezogenen Oberspannungsniveaus S_O entsprechend Abbildung 2.3 validiert. Die Validierung erfolgt anhand vorhandener Ermüdungsuntersuchungen der Versuchsreihe C60-10Hz-II bei einer Prüffrequenz von $f_P = 10$ Hz. Detaillierte Randbedingungen der Versuchsserie sind in Anhang A.2.3 angegeben. Die Versagenskurve und deren Gleichung wurden anhand von zwölf ausgewerteten Einstufenversuchen bestimmt. Die Werte der kumulierten Dissipationsenergie ΣE_δ zum Zeitpunkt des Versagens sind für die einzelnen Probekörper gegenüber der jeweiligen Bruchlastwechselzahl N_f in Abbildung 7.5 dargestellt. Die daraus resultierende Versagenskurve kann ebenfalls der Abbildung 7.5 entnommen werden und wird durch die Funktion aus Gleichung 7.3 beschrieben. Auf Grundlage der ermittelten Versagenskurve werden in den Kapiteln 7.2.2 und 7.2.3 weitere Ermüdungsversuche mit wechselnden bezogenen Oberspannungsniveaus S_O ausgewertet. Bei den Anpassungen des bezogenen Oberspannungsniveaus S_O wurden die jeweiligen Versuche zunächst auf der Mittellast gestoppt. Die Mittellast wurde im Anschluss entsprechend des neuen Lastniveaus angepasst und anschließend die zyklische Belastung auf dem neuen bezogenen

Oberspannungsniveau S_O fortgesetzt. Es ist somit nicht von nennenswerten Effekten der kurzzeitigen Unterbrechung der zyklischen Belastung auszugehen.

$$\Sigma E_{\delta,Vers,C60-10\,Hz-II}(N_f) = 0{,}0157\,kJ \cdot N_f^{0{,}837} \qquad \text{Gl. 7.3}$$

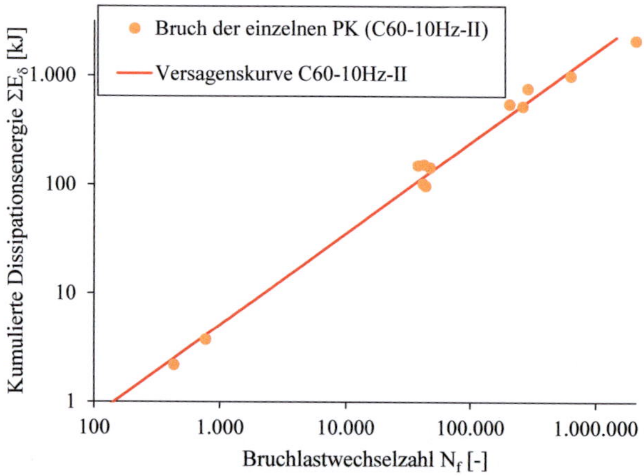

Abbildung 7.5: Kumulierte Dissipationsenergie ΣE_δ zum Zeitpunkt des Versagens der einzelnen Probekörper der Versuchsserie C60-10Hz-II mit der Versagenskurve in doppelt-logarithmischer Darstellung; $f_p = 10$ Hz, $S_U = 0{,}05$

7.2.2 Abnehmende Oberspannungsniveaus

Aus Beanspruchungen auf verschiedenen bezogenen Oberspannungsniveaus S_O resultieren verschiedene Verläufe der Dissipationsenergie E_δ je Lastwechsel. Dies wird zunächst exemplarisch anhand der Verläufe der in Kapitel 3 beschriebenen Versuchsserie ZA erläutert. Für drei Probekörper dieser Versuchsserie mit einer Prüffrequenz von $f_p = 8$ Hz sind in Abbildung 7.6 die Verläufe für die jeweils ersten 10.000 Lastwechsel dargestellt. Während die Werte des Probekörpers ZA2.4 mit dem bezogenen Oberspannungsniveau $S_O = 0{,}80$ bis zum Versagen nach 858 Lastwechseln schnell zunehmen, verlaufen die Werte der anderen beiden Probekörper während der ersten 10.000 Lastwechsel annähernd konstant. Generell gilt, dass die Werte bei größeren bezogenen Oberspannungsniveaus S_O größer sind als bei geringeren bezogenen Oberspannungsniveaus S_O.

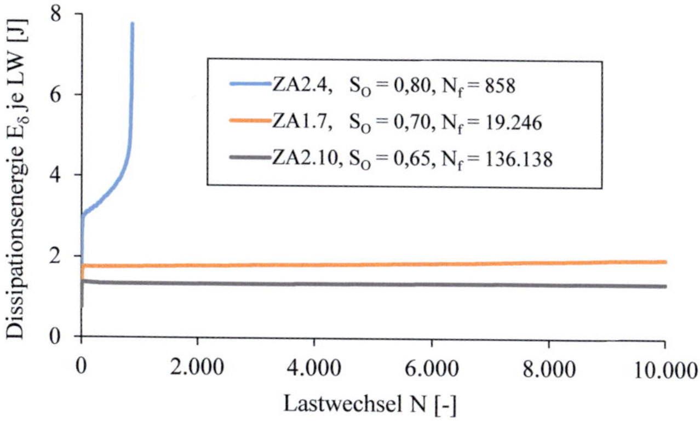

Abbildung 7.6: Verläufe der Dissipationsenergie E_δ je Lastwechsel zu Versuchsbeginn für drei ausgewählte Probekörper der Versuchsserie ZA mit unterschiedlichen bezogenen Oberspannungsniveaus S_O; $f_p = 8$ Hz, $S_U = 0,05$

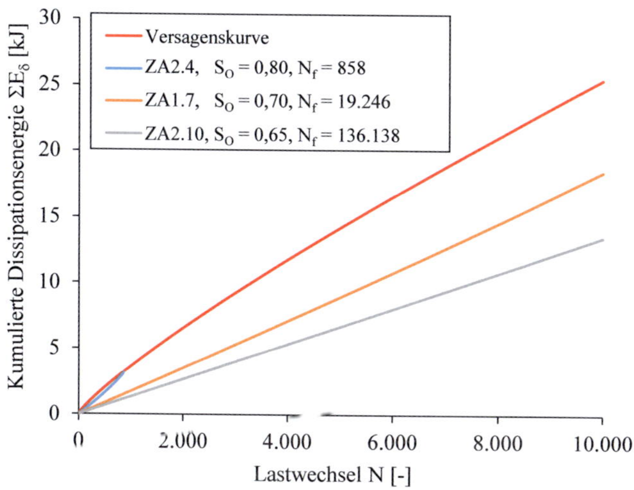

Abbildung 7.7: Verläufe der Versagenskurve sowie der kumulierten Dissipationsenergie ΣE_δ je Lastwechsel zu Versuchsbeginn für drei ausgewählte Probekörper mit unterschiedlichen bezogenen Oberspannungsniveaus S_O; $f_p = 8$ Hz, $S_U = 0,05$

Die entsprechenden Verläufe der kumulierten Dissipationsenergie ΣE_δ während der ersten 10.000 Lastwechsel sind zusammen mit der Versagenskurve dieser Versuchsserie in Abbildung 7.7 dargestellt. Während die Kurve des Probekörpers ZA2.4 zum Versagenszeitpunkt nach 858 Lastwechseln die Versagenskurve erreicht, liegen die beiden anderen Verläufe während der ersten 10.000 Lastwechsel deutlich unterhalb der Versagenskurve.

Die geringeren Werte der Dissipationsenergie E_δ je Lastwechsel auf den niedrigeren bezogenen Oberspannungsniveaus S_O resultieren nach Gleichung 4.4 aus der geringeren Spannungsamplitude. Es ist nicht davon auszugehen, dass die Verringerung des bezogenen Oberspannungsniveaus S_O unmittelbar zu einer Veränderung der anderen Einflussgrößen der Dissipationsenergie E_δ führt. Weder die Gesamtrissfläche ΣA_{Riss} noch der mittlere Reibbeiwert μ der Rissflächen verändert sich unmittelbar bei einer Verringerung der Beanspruchung.

Im Folgenden werden die Verläufe des Schädigungsparameters D(N) nach Gleichung 7.2 für zwei Versuche der Versuchsserie C60-10Hz-II mit einer Prüffrequenz von $f_P = 10$ Hz ausgewertet. Das bezogene Unterspannungsniveau S_U beträgt bei allen Versuchen $S_U = 0{,}05$. Die Versagenskurve wurde zuvor anhand von zwölf Einstufenversuchen mit unterschiedlichen bezogenen Oberspannungsniveaus S_O ermittelt (vgl. Anhang A.2.3). Die beiden Mehrstufenversuche wurden zunächst für 1.000 Lastwechsel mit einem bezogenen Oberspannungsniveau von $S_O = 0{,}80$, danach für 11.000 Lastwechsel mit $S_O = 0{,}70$ sowie anschließend bis zum Versagen des Probekörpers mit einem bezogenen Oberspannungsniveau von $S_O = 0{,}60$ beansprucht. Die beiden Probekörper PK-A und PK-B versagten nach insgesamt $N_{f,\,PK\text{-}A} = 288.281$ beziehungsweise $N_{f,\,PK\text{-}B} = 215.310$ Lastwechseln.

Die Verläufe der Dissipationsenergie E_δ je Lastwechsel stimmen für beide Probekörper nahezu überein (siehe Abbildung 7.8). Mit jedem Herabsetzen der bezogenen Oberspannung S_O verringern sich die Dissipationsenergiewerte E_δ sprunghaft. Außerdem kommt es in den folgenden Lastwechseln nach der Verringerung der Beanspruchung zu einem weiteren Rückgang der Dissipationsenergiewerte E_δ. Erst nach einer Vielzahl von Lastwechseln bleiben die Werte annähernd konstant. Vor dem Versagen der Probekörper steigen die Werte erneut stark an.

In den Verläufen der kumulierten Dissipationsenergie ΣE_δ sind zu den Zeitpunkten der Verringerung der bezogenen Oberspannung S_O nach $N_{W1} = 1.000$ sowie $N_{W2} = 12.000$ Lastwechseln leichte Knicke erkennbar (vgl. Abbildung 7.9). Die relativen Abstände zur Versagenskurve nehmen anschließend zunächst zu. Erst im späteren Verlauf nehmen diese ab und es kommt jeweils zu einem Schnittpunkt mit der Versagenskurve. Kurz nach dem jeweiligen Schnittpunkt versagen die Probekörper.

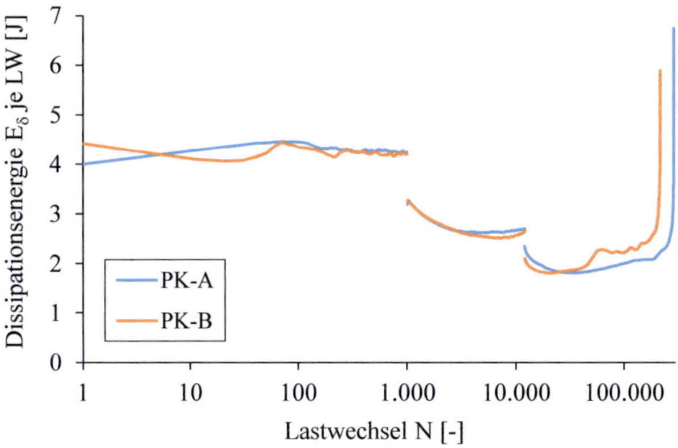

Abbildung 7.8: Dissipationsenergie E_δ je Lastwechsel der Probekörper PK-A und PK-B; $f_p = 10$ Hz, $S_U = 0{,}05$, $S_O = 0{,}80; 0{,}70; 0{,}60$

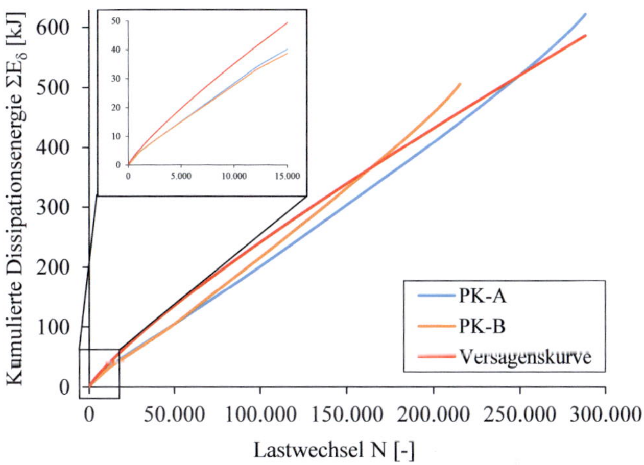

Abbildung 7.9: Verlauf der Versagenskurve sowie Darstellung der kumulierten Dissipationsenergie ΣE_δ der Probekörper PK-A und PK-B; $f_p = 10$ Hz, $S_U = 0{,}05$, $S_O = 0{,}80; 0{,}70; 0{,}60$

Die beschriebenen Auswirkungen des wechselnden bezogenen Oberspannungsniveaus S_O zeigen sich auch in den Verläufen des Schädigungsparameters D(N) in Abbildung 7.10. Zunächst nimmt der Schädigungsparameter D(N) während der Beanspruchung auf dem bezogenen Oberspannungsniveau $S_O = 0{,}80$ kontinuierlich zu. Nach dem ersten Wechsel des bezogenen Oberspannungsniveaus auf $S_O = 0{,}70$ nach $N_{W1} = 1.000$ Lastwechseln nehmen die Verläufe zunächst ab. Zur jeweiligen Abnahme kommt es, da sich der relative Abstand zwischen der kumulierten Dissipationsenergie $\Sigma E_{\delta,vorh}(N)$ der Probekörper und der Versagenskurve $\Sigma E_{\delta,Vers}(N)$ vergrößert. Hier nimmt entsprechend der Erläuterungen aus Kapitel 6.2 der mittlere Reibbeiwert μ der Rissflächen stärker ab als die Gesamtrissfläche ΣA_{Riss} zunimmt. Erst nach einigen Lastwechseln kehren sich die Verläufe D(N) der Probekörper um, sodass es wieder zu einem Anstieg des Schädigungsparameters D(N) kommt. Hier verändert sich offensichtlich der jeweilige Verlauf der Dissipationsenergie E_δ je Lastwechsel (Abbildung 7.8), sodass sich der relative Abstand zwischen der kumulierten Dissipationsenergie $\Sigma E_{\delta,vorh}(N)$ der Probekörper und der Versagenskurve $\Sigma E_{\delta,Vers}(N)$ wieder verringert. Mit dem zweiten Wechsel des bezogenen Oberspannungsniveaus auf $S_O = 0{,}60$ nach $N_{W2} = 12.000$ Lastwechseln wiederholt sich die Verlaufscharakteristik. Nach einer anfänglichen Abnahme des Schädigungsparameters D(N) nimmt dieser anschließend bis zum Versagen des jeweiligen Probekörpers zu. Zum Versagen der beiden Probekörper kommt es bei Schädigungswerten von $D(N_{f,PK\text{-}A}) = 1{,}06$ beziehungsweise $D(N_{f,PK\text{-}B}) = 1{,}10$.

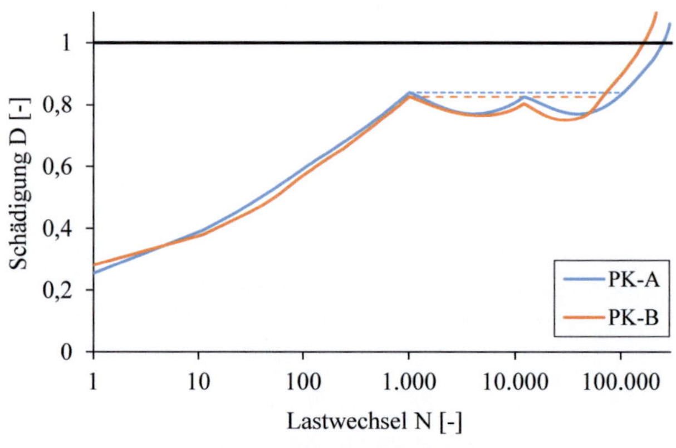

Abbildung 7.10: Darstellung der Schädigungsverläufe D(N) der Probekörper PK-A und PK-B; $f_p = 10$ Hz, $S_U = 0{,}05$, $S_O = 0{,}80; 0{,}70; 0{,}60$

Zu Beginn des Versuchs bis zur ersten Abnahme des bezogenen Oberspannungsniveaus S_O sowie kurz vor dem Versagen verlaufen die Werte des Schädigungsparameters D(N) somit erwartungsgemäß und vergleichbar zu den Verläufen der Einstufenversuche. Unmittelbar nach der jeweiligen Abnahme des bezogenen Oberspannungsniveaus S_O lassen sich die abnehmenden Werte des

Schädigungsparameters D(N) jedoch nicht mit Veränderungen der Anzahl und Größe der Risse erklären. Es ist nicht davon auszugehen, dass vorhandene Schädigungen in Form von Rissen mit zunehmender Lastwechselzahl N verschwinden. Die Abnahme des Schädigungsparameters D(N) lässt sich hingegen durch die Verringerung des mittleren Reibbeiwerts μ der Rissflächen erklären. Entsprechend lässt sich unmittelbar nach dem Rückgang der Beanspruchung von dem Wert des Schädigungsparameters D(N) nicht direkt auf den vorhandenen Schädigungsgrad schließen. Stattdessen ist davon auszugehen, dass sich Rissgröße und Rissanzahl zunächst nur sehr langsam erhöhen oder sogar konstant bleiben. Dies ist in der Abbildung 7.10 mit den gestrichelten Linien dargestellt. Diese beschreiben für den Fall der Abnahme des Schädigungsparameters D(N) eine fiktive Weiterführung des Verlaufs mit konstantem Wert D(N). Sobald es jedoch wieder zu einer nennenswerten Schädigungsentwicklung kommt, nehmen auch die Verläufe des Schädigungsparameters D(N) nach Gleichung 7.2 wieder zu. Demnach ergibt sich lediglich temporär eine Entwicklung, die sich nicht direkt mit der Schädigungsentwicklung erklären lässt.

Insgesamt zeigt sich jedoch, dass das in Kapitel 7.1 entwickelte Schädigungsmodell auch für Mehrstufenversuche mit abnehmenden bezogenen Oberspannungsniveaus S_O geeignet ist. Dies wird insbesondere durch den Anstieg des Schädigungsparameters D(N) unmittelbar vor dem Versagen sowie durch die Parameterwerte $D(N_f)$ zum Zeitpunkt des Versagens bestätigt. Dass es nach der Verringerung der bezogenen Oberspannung S_O zunächst zu keiner oder nur zu einer sehr langsamen Schädigungsentwicklung kommt, ergibt sich ebenfalls aus den Dehnungsverläufen in Abbildung 7.11.

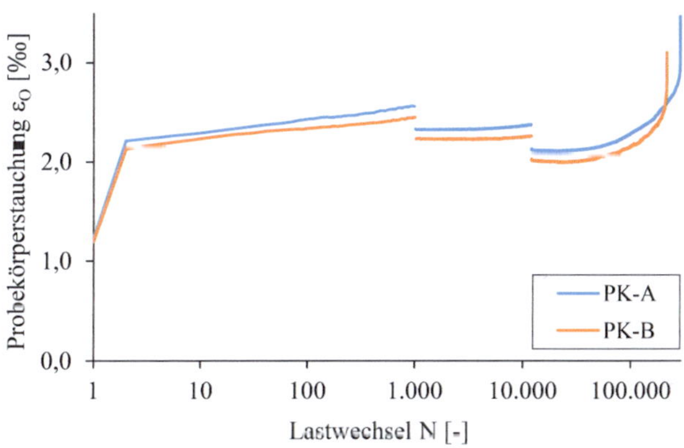

Abbildung 7.11: Verläufe der maximalen Probekörperstauchung ε_O der Probekörper PK-A und PK-B; f_p = 10 Hz, S_U = 0,05, S_O = 0,80; 0,70; 0,60

Die dargestellten maximalen Probekörperstauchungen für jeden Lastwechsel verlaufen nach Anpassung des bezogenen Oberspannungsniveaus S_O zunächst nahezu konstant. Dies deutet daraufhin, dass es keinen oder nur einen sehr geringen Rissfortschritt gibt.

7.2.3 Ansteigende Oberspannungsniveaus

Die unterschiedlichen Verläufe der Dissipationsenergie E_δ je Lastwechsel für Versuche auf unterschiedlichen bezogenen Oberspannungsniveaus S_O in Abbildung 7.6 zeigen, dass sich die Werte bereits während der ersten Lastwechsel deutlich unterscheiden. Je größer das bezogene Oberspannungsniveau S_O, desto mehr Energie E_δ wird mit jedem Lastwechsel dissipiert. Es kann demnach davon ausgegangen werden, dass eine Vergrößerung des Oberspannungsniveaus S_O während eines Versuchs zu einem sprunghaften Anstieg der Dissipationsenergie E_δ der folgenden Lastwechsel führt.

Die Ermittlung der Versagenskurven für verschiedene Versuchsserien in Kapitel 6 ergibt Verläufe mit abnehmender Steigung. Diese abnehmende Steigung berücksichtigt, dass das Verhältnis zwischen der Dissipationsenergie E_δ eines Probekörpers und dessen Schädigung sich über die Versuchslaufzeit verändert. Wie bereits in den Kapiteln 5.3 und 6.2 erläutert und mit der Darstellung der Verläufe am Versuchsende in Abbildung 5.6 belegt, verringert sich das Verhältnis von der Dissipationsenergie E_δ eines Lastwechsels zum Schädigungsgrad des Probekörpers mit zunehmender Lastwechselzahl N. Durch Risse, die bereits seit einer Vielzahl von Lastwechseln bestehen, wird im Mittel weniger Energie dissipiert als durch gerade erst entstandene Risse.

Im bisherigen Schädigungsmodell wird die gleichmäßige Veränderung des Verhältnisses zwischen der Dissipationsenergie E_δ eines Probekörpers und dessen Schädigung über die abnehmende Steigung der Versagenskurve berücksichtigt. Durch den sprunghaften Anstieg der Dissipationsenergie E_δ je Lastwechsel infolge der neu entstandenen Risse wird die Veränderung des Verhältnisses nicht mehr ausreichend durch den Verlauf der Versagenskurve berücksichtigt. Es ist davon auszugehen, dass durch die mit Erhöhung des bezogenen Oberspannungsniveaus S_O neu entstehenden Risse aufgrund eines größeren Reibbeiwerts μ im Durchschnitt mehr Energie dissipiert wird als durch die bereits vorhandenen Risse.

Um weiterhin den Schädigungsparameter D(N) mit der Versagenskurve, die mithilfe von Einstufenversuchen ermittelt wurde, zu bestimmen, müssen die in Abbildung 7.12 dargestellten sprunghaften Anstiege der Dissipationsenergie E_δ je Lastwechsel infolge der Erhöhungen der bezogenen Oberspannungsniveaus S_O besonders beachtet werden. Bei einer geringen Beanspruchung zu Beginn verringert sich entsprechend der exemplarischen Darstellung der kumulierten Dissipationsenergie ΣE_δ in Abbildung 7.13 zwar der relative Abstand zwischen der kumulierten Dissipationsenergie ΣE_δ und der Versagenskurve, jedoch vergrößert sich gegebenenfalls der absolute Abstand.

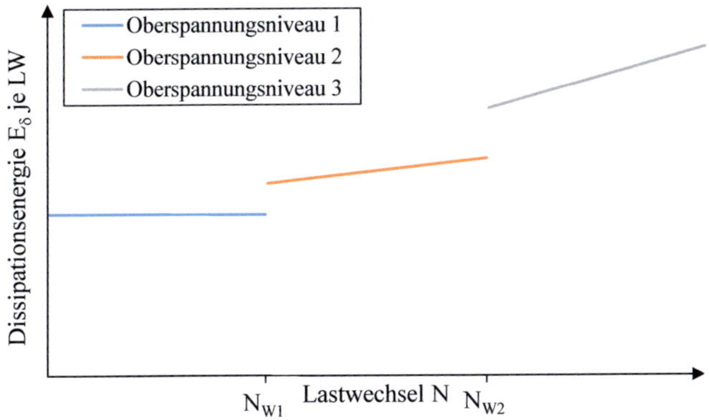

Abbildung 7.12: Exemplarische Darstellung der Dissipationsenergie E_δ je Lastwechsel bei einem Versuch mit zweimaliger Erhöhung des bezogenen Oberspannungsniveaus S_O

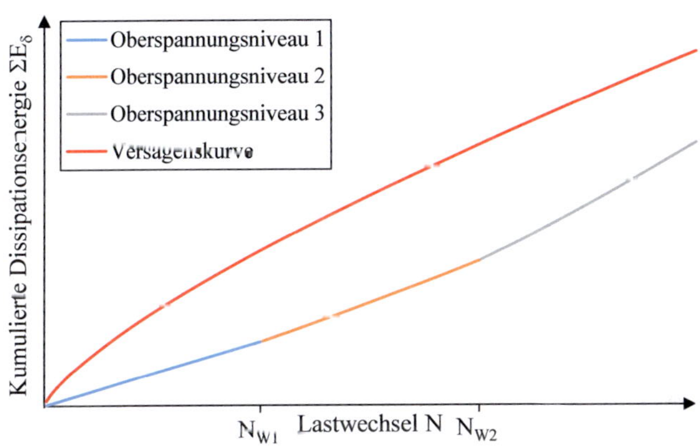

Abbildung 7.13: Exemplarische Darstellung der kumulierten Dissipationsenergie ΣE_δ bei einem Versuch mit zweimaliger Erhöhung des bezogenen Oberspannungsniveaus S_O im Bezug zur Versagenskurve der entsprechenden Versuchsserie

Außerdem resultiert bei einer Erhöhung des bezogenen Oberspannungsniveaus S_O aus der schnellen Risszunahme zwar ein sprunghafter Anstieg der Dissipationsenergie E_δ je Lastwechsel jedoch kein sprunghafter Anstieg der kumulierten Dissipationsenergie ΣE_δ. Somit kann beim direkten Vergleich der kumulierten Dissipationsenergie $\Sigma E_{\delta,vorh}$ mit dem Verlauf $\Sigma E_{\delta,Vers}$ der Versagenskurve entsprechend Gleichung 7.2 diese sprunghafte Schädigungszunahme nicht berücksichtigt werden. In Kombination mit dem vergrößerten absoluten Abstand würde sich während der folgenden Beanspruchung eine zu geringe Entwicklung des Schädigungsparameters D(N) ergeben. Entsprechend ist eine Modellerweiterung erforderlich. Bei dieser gilt es ebenfalls indirekt die unterschiedlichen Reibbeiwerte μ_i von bereits mehrfach beanspruchten Rissen und neuen Rissen zu berücksichtigen. Da es bei abnehmenden bezogenen Oberspannungsniveaus S_O zu keiner sprunghaften Risszunahme kommt, war eine entsprechende Modellerweiterung in Kapitel 7.2.2 nicht erforderlich.

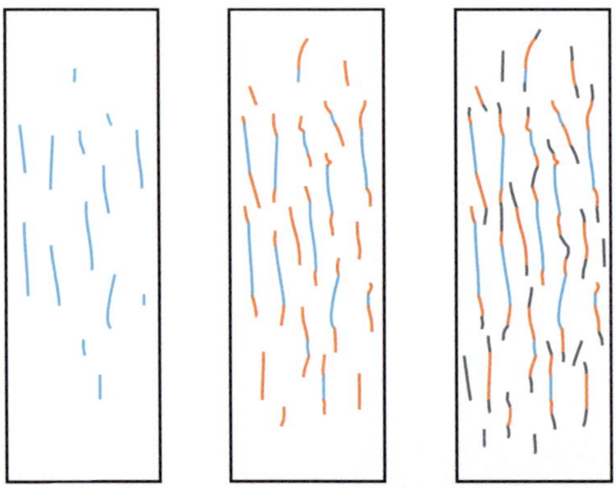

Abbildung 7.14: Schematische Darstellung der Rissentwicklung innerhalb eines Zylinders; blau ≙ Risse infolge der Belastung mit dem Oberspannungsniveau 1; orange ≙ Risse infolge der Belastung mit dem Oberspannungsniveau 2; grau ≙ Risse infolge der Belastung mit dem Oberspannungsniveau 3

Für die Modellerweiterung des Schädigungsparameters D(N) für mehrstufige Ermüdungsversuche mit ansteigenden bezogenen Oberspannungsniveaus S_O entsprechend Abbildung 2.3 wird hingegen die Dissipationsenergie $E_{\delta,vorh}$ eines Lastwechsels in mehrere Anteile $E_{\delta,i}$ aufgeteilt. Im Folgenden wird die Modellvorstellung exemplarisch für einen Versuch mit einer zweistufigen Erhöhung des bezogenen Oberspannungsniveaus S_O erläutert. Die einzelnen Anteile ergeben sich aus der Zuordnung der Risse beziehungsweise Rissabschnitte zu den verschiedenen bezogenen Oberspannungsniveaus S_O (siehe Abbildung 7.14).

Dabei wird davon ausgegangen, dass die blauen Risse während der Beanspruchung auf dem ersten Oberspannungsniveau, die orangen Risse auf dem zweiten Oberspannungsniveau und die grauen Risse während der Beanspruchung auf dem dritten Oberspannungsniveau entstehen.

Die Abbildung 7.15 zeigt exemplarisch die Aufteilung der Dissipationsenergie E_δ je Lastwechsel.

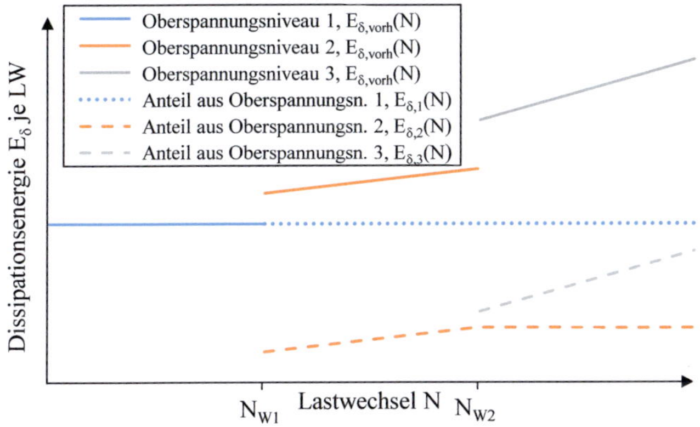

Abbildung 7.15: Exemplarische Darstellung der Dissipationsenergie $E_{\delta,vorh}$ je Lastwechsel zusammen mit der jeweiligen Aufteilung bei einem Versuch mit zweimaliger Erhöhung des bezogenen Oberspannungsniveaus S_O

Dabei geben die durchgezogenen Linien die auf dem jeweiligen Oberspannungsniveau auftretenden Werte $E_{\delta,vorh}(N)$ der Dissipationsenergie je Lastwechsel wieder. Bei den gestrichelten Linien handelt es sich jeweils um die Aufteilung der gesamten Dissipationsenergie $E_{\delta,vorh}(N)$ je Lastwechsel auf die den Oberspannungsniveaus zugeordneten Anteilen $E_{\delta,i}(N)$. Der Anteil $E_{\delta,2}(N)$ beschreibt somit die Energie, die durch Reibvorgänge von jenen Rissen dissipiert wird, die während des zweiten Beanspruchungsniveaus entstanden sind.

Die genaue Aufteilung der Dissipationsenergie E_δ ist in Tabelle 7-2 aufgeführt. Mit dem Wechsel vom ersten auf das zweite Oberspannungsniveau nach $N = N_{W1}$ Lastwechseln wird die Energie in zwei Anteile aufgeteilt. Der erste Anteil $E_{\delta,1}(N)$ entspricht dem Wert $E_{\delta,vorh}(N_{W1})$ am Ende der Beanspruchung mit dem Oberspannungsniveau 1 nach $N = N_{W1}$ Lastwechseln. Es wird davon ausgegangen, dass es sich dabei um die Energiemenge handelt, die infolge der Reibung der im ersten Beanspruchungszeitraum entstandenen Risse dissipiert wird. Vereinfachend wird dafür eine konstante Weiterführung des Verlaufs vom

Anteil der dissipierten Energie infolge des Oberspannungsniveaus 1 $E_{\delta,1}(N)$ angenommen.

Der zweite Anteil $E_{\delta,2}$ ergibt sich im Lastwechselbereich von $N > N_{W1}$ bis $N \leq N_{W2}$ aus der Differenz zwischen der gesamten Dissipationsenergie $E_{\delta,vorh}$ eines Lastwechsels und dem zuvor beschriebenen Anteil $E_{\delta,1}$. Nach dem erneuten Anstieg der Oberspannung nach $N = N_{W2}$ Lastwechseln wird die Dissipationsenergie $E_{\delta,vorh}$ je Lastwechsel in drei Anteile aufgeteilt. Die beiden Anteile $E_{\delta,1}$ und $E_{\delta,2}$ ergeben sich entsprechend der vorangegangenen Aufteilung aus den Werten unmittelbar vor der Erhöhung auf das dritte Oberspannungsniveau. Der dritte Anteil $E_{\delta,3}$ ergibt sich wiederum aus der Differenz der gesamten Dissipationsenergie $E_{\delta,vorh}$ eines Lastwechsels und den beiden anderen Anteilen $E_{\delta,1}$ und $E_{\delta,2}$.

Tabelle 7-2: Aufteilung der Dissipationsenergie $E_\delta(N)$ je Lastwechsel in die verschiedenen Anteile $E_{\delta,i}(N)$ entsprechend des jeweiligen Oberspannungsniveaus

Anteile	$N \leq N_{W1}$	$N_{W1} < N \leq N_{W2}$	$N > N_{W2}$
$E_{\delta,1}(N)$	$E_{\delta,vorh}(N)$	$E_{\delta,vorh}(N_{W1})$	$E_{\delta,vorh}(N_{W1})$
$E_{\delta,2}(N)$	-	$E_{\delta,vorh}(N) - E_{\delta,vorh}(N_{W1})$	$E_{\delta,vorh}(N_{W2}) - E_{\delta,vorh}(N_{W1})$
$E_{\delta,3}(N)$	-	-	$E_{\delta,vorh}(N) - E_{\delta,vorh}(N_{W2})$

Mithilfe der Aufteilung in die einzelnen Anteile kann nun im Schädigungsmodell berücksichtigt werden, dass es durch die Erhöhung des bezogenen Oberspannungsniveaus S_O zu einer Vielzahl neuer Risse kommt, durch deren Reibung im Mittel mehr Energie dissipiert wird als durch die bestehenden, bereits abgeglätteten Risse. Um die sprunghafte Risszunahme und das daraus resultierende unterschiedliche Verhältnis zwischen dissipierter Energie E_δ und Schädigung infolge eines Risses zu berücksichtigen, werden die entsprechenden Anteile $\Sigma E_{\delta,i}$ der kumulierten Dissipationsenergie ΣE_δ einzeln mit der Versagenskurve verglichen.

Wie in Abbildung 7.16 aufgeführt werden die entsprechenden Anteile $\Sigma E_{\delta,i}$ der kumulierten Dissipationsenergie ΣE_δ so behandelt, als ob der Versuch erst mit dem jeweiligen bezogenen Oberspannungsniveau S_O begonnen hat und die zugehörigen Risse somit ihre ersten Reibvorgänge vollziehen. Die entsprechenden angepassten Lastwechselzahlen ergeben sich für den zusätzlichen Anteil vom Oberspannungsniveau 2 zu $N^* = N - N_{W1}$ und den Anteil vom Oberspannungsniveau 3 zu $N^* = N - N_{W2}$.

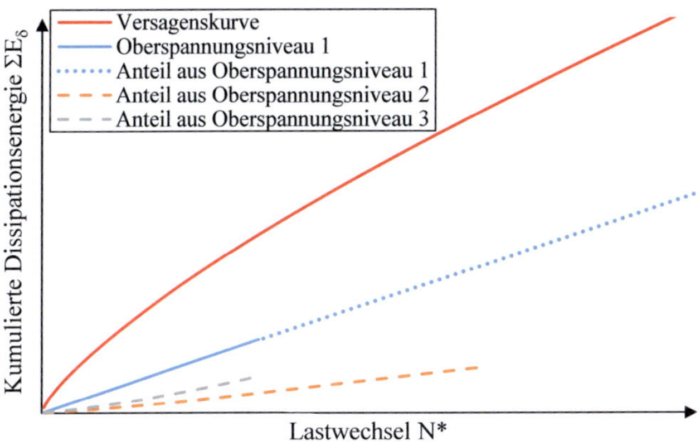

Abbildung 7.16: Exemplarische Darstellung der aufgeteilten kumulierten Dissipationsenergie ΣE_δ bei einem Versuch mit zweimaliger Abnahme des bezogenen Oberspannungsniveaus S_O sowie der Versagenskurve der Versuchsserie

Der Schädigungsparameter D(N) ergibt sich aus der Summe der einzelnen Schädigungsanteile $D_i(N)$, die jeweils über das Verhältnis von der kumulierten Dissipationsenergie $\Sigma E_{\delta,i}(N)$ eines Anteils zum entsprechenden Wert $\Sigma E_{\delta,Vers}(N^*)$ der Versagenskurve ermittelt werden. Die folgenden Gleichungen beschreiben die Modellanpassung des Schädigungsparameters D(N) für eine ein- oder zweistufige Erhöhung des bezogenen Oberspannungsniveaus S_O während eines Versuchs. Für Versuche mit mehr als zwei Erhöhungen des bezogenen Oberspannungsniveaus S_O müssen die Formeln entsprechend erweitert werden.

$$D(N) = \frac{\sum E_{\delta,vorh}(N)}{\sum E_{\delta,Vers}(N)} \leq 1{,}0; \qquad N \leq N_{W1}$$

$$D(N) = D_1(N) + D_2(N) \leq 1{,}0; \qquad N_{W1} < N \leq N_{W2} \qquad \text{Gl. 7.4}$$

$$D(N) = D_1(N) + D_2(N) + D_3(N) \leq 1{,}0; \qquad N > N_{W2}$$

mit

$$D_1(N) = \frac{\sum_{N=1}^{N_{W1}}\left(E_{\delta,vorh}(N)\right) + E_{\delta,vorh}(N_{W1}) \cdot (N - N_{W1})}{\sum E_{\delta,Vers}(N)} \qquad \text{Gl. 7.5}$$

für $N_{W1} < N \leq N_{W2}$:

$$D_2(N) = \frac{\sum_{N=N_{W1}}^{N}\left(E_{\delta,vorh}(N)\right) - E_{\delta,vorh}(N_{W1}) \cdot (N - N_{W1})}{\sum E_{\delta,Vers}(N - N_{W1})} \qquad \text{Gl. 7.6}$$

für $N > N_{W2}$:

$$D_2(N) = D_2(N_{W2}) + \frac{\left(E_{\delta,vorh}(N_{W2}) - E_{\delta,vorh}(N_{W1})\right) \cdot (N - N_{W2})}{\sum E_{\delta,Vers}(N - N_{W1})} \qquad \text{Gl. 7.7}$$

$$D_3(N) = \frac{\sum_{N=N_{W2}}^{N}\left(E_{\delta,vorh}(N)\right) - E_{\delta,vorh}(N_{W2}) \cdot (N - N_{W2})}{\sum E_{\delta,Vers}(N - N_{W2})} \qquad \text{Gl. 7.8}$$

Im Folgenden wird auch diese Anpassung anhand von zwei Versuchen der Versuchsserie C60-10Hz-II mit einer Prüffrequenz von $f_p = 10$ Hz validiert. Das bezogene Unterspannungsniveau beträgt bei allen Versuchen $S_U = 0{,}05$. Wie bereits in Kapitel 7.2.2 beschrieben, wurde die Versagenskurve anhand von zwölf Einstufenversuchen mit unterschiedlichen bezogenen Oberspannungsniveaus S_O ermittelt. Die beiden Mehrstufenversuche wurden zunächst für 30.000 Lastwechsel mit einem bezogenen Oberspannungsniveau von $S_O = 0{,}60$, danach für 11.000 Lastwechsel mit $S_O = 0{,}70$ sowie anschließend bis zum Versagen des Probekörpers mit einem bezogenen Oberspannungsniveau von $S_O = 0{,}80$ beansprucht. Die beiden Probekörper PK-C und PK-D versagten nach insgesamt $N_{f,\,PK\text{-}C} = 42.354$ beziehungsweise $N_{f,\,PK\text{-}D} = 41.965$ Lastwechseln.

Die Auswertung der Dissipationsenergie E_δ je Lastwechsel in Abbildung 7.17 zeigt für beide Probekörper vergleichbare Verläufe mit den erwarteten sprunghaften Anstiegen der Werte mit den Wechseln des bezogenen Oberspannungsniveaus S_O. Nachdem die Werte während der ersten $N = 30.000$ Lastwechsel auf dem bezogenen Oberspannungsniveau von $S_O = 0{,}60$ leicht abnehmen, erfolgt unmittelbar mit dem Wechsel auf das neue bezogene Oberspannungsniveau von $S_O = 0{,}70$ ein starker Anstieg der Werte. Während der folgenden Lastwechsel nimmt die Steigung der Verläufe kontinuierlich ab, bis das bezogene Oberspannungsniveau nach $N = 41.000$ Lastwechsel erneut erhöht wird und anschließend $S_O = 0{,}80$ beträgt. Auch hier erfolgt mit der Erhöhung ein starker Anstieg der dissipierten Energie E_δ je Lastwechsel. Anschließend scheint die

Steigung kurzzeitig abzunehmen, bis es unmittelbar vor dem Versagen der Probekörper erneut zu einem deutlichen Anstieg der Werte kommt. Somit ist davon auszugehen, dass es mit der Erhöhung der Oberspannung während eines Versuchs unmittelbar zu einer starken Risszunahme kommt, die anschließend während der weiteren Lastwechsel auf dem neuen bezogenen Oberspannungsniveau S_O kontinuierlich geringer wird.

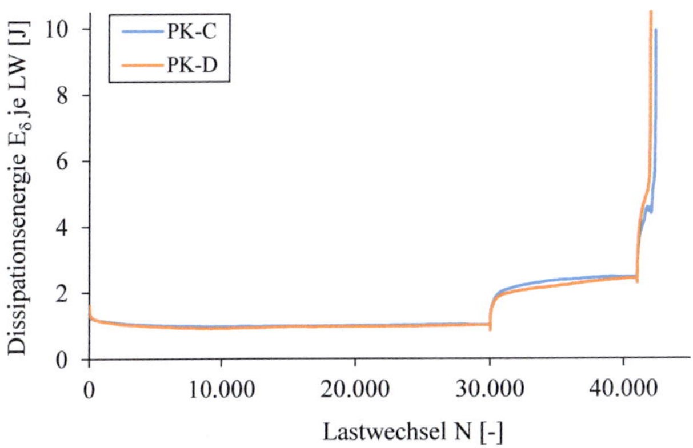

Abbildung 7.17: Dissipationsenergie E_δ je Lastwechsel der Probekörper PK-C und PK-D; $f_p = 10$ Hz, $S_U = 0{,}05$, $S_O = 0{,}60; 0{,}70; 0{,}80$

Eine detaillierte Betrachtung der Verläufe nach der zweiten und somit letzten Steigerung des bezogenen Oberspannungsniveaus S_O bis zum Versagen der Probekörper in Abbildung 7.18 zeigt jeweils einen dreiphasigen Verlauf, der qualitativ mit den Verläufen der Einstufenversuche der Versuchsserien ZA in Abbildung 5.4 und Abbildung 5.5 übereinstimmt. Nach der Steigerung des bezogenen Oberspannungsniveaus S_O ist der Verlauf der Dissipationsenergie E_δ je Lastwechsel somit vergleichbar mit einem Verlauf eines Einstufenversuchs von Beginn an. Diese Vergleichbarkeit begründet die vorgestellte Methodik der Aufteilung der Dissipationsenergie E_δ nach Oberspannungsniveau sowie der angepassten Lastwechselzahl N* bei der Ermittlung der Schädigungsanteile $D_1(N)$, $D_2(N)$ und $D_3(N)$ sowie dem gesamten Schädigungsparameter D(N) nach den Gleichungen 7.4 bis 7.8.

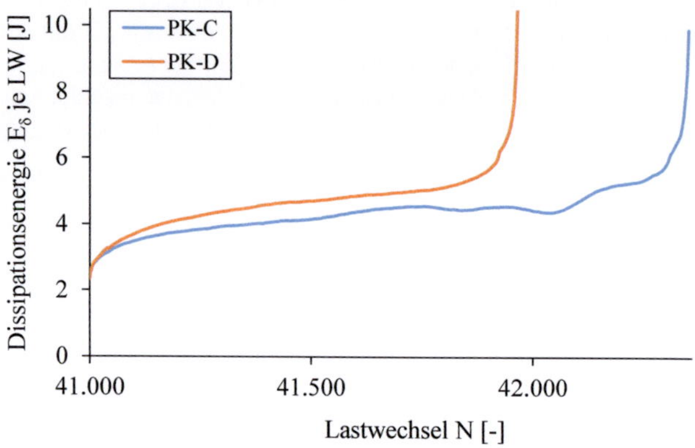

Abbildung 7.18: Dissipationsenergie E_δ je Lastwechsel der Probekörper PK-C und PK-D nach der letzten Erhöhung des bezogenen Oberspannungsniveaus S_O; $f_p = 10$ Hz, $S_U = 0{,}05$, $S_O = 0{,}80$

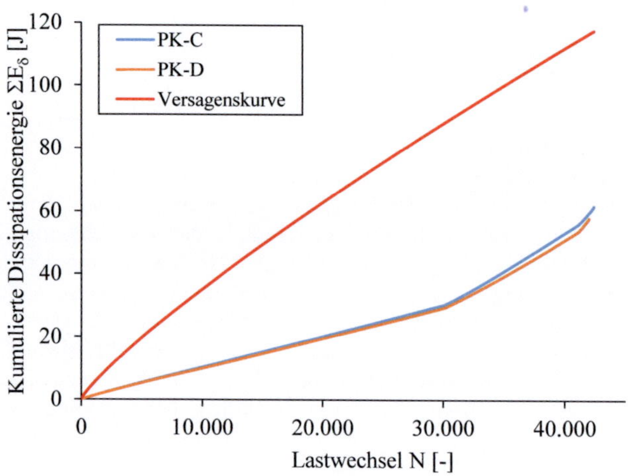

Abbildung 7.19: Verlauf der Versagenskurve sowie Darstellung der kumulierten Dissipationsenergie ΣE_δ der Probekörper PK-C und PK-D; $f_p = 10$ Hz, $S_U = 0{,}05$, $S_O = 0{,}60; 0{,}70; 0{,}80$

Auch in den Verläufen der kumulierten Dissipationsenergie ΣE_δ der Probekörper PK-C und PK-D in Abbildung 7.19 sind die Zeitpunkte der Steigerung des bezogenen Oberspannungsniveaus S_O in Form von Knickpunkten deutlich erkennbar. Der Vergleich mit der Versagenskurve, die anhand der vorangegangenen Einstufenversuche ermittelt wurde, zeigt jedoch, dass die in Kapitel 6 beschriebene Systematik hier nicht gültig ist. Es entsteht kein Schnittpunkt des Verlaufs der kumulierten Dissipationsenergie ΣE_δ eines Versuchs mit der entsprechenden Versagenskurve, mit dem der Versagenszeitpunkt beschrieben werden könnte. Dadurch wird ebenfalls bestätigt, dass die in diesem Kapitel beschriebene Modellerweiterung des Schädigungsparameters D(N) erforderlich ist.

Mit der Anwendung der Gleichungen 7.4 bis 7.8 wird die Dissipationsenergie $E_{\delta,vorh}$ in die einzelnen Anteile $E_{\delta,i}$ aufgeteilt und die Anteile $D_i(N)$ des Schädigungsparameters D(N) ermittelt. Dafür werden die Anteile $\Sigma E_{\delta,i}$ der kumulierten Dissipationsenergie ΣE_δ entsprechend der Abbildung 7.16 mit der Versagenskurve ins Verhältnis gesetzt. Entscheidend ist dabei, dass die zusätzlichen Anteile $\Sigma E_{\delta,i}$ infolge der Erhöhung des bezogenen Oberspannungsniveaus S_O durch die Reibung der neuen Risse entstehen. Deshalb müssen die Energieanteile $\Sigma E_{\delta,i}$ jeweils mit der Versagenskurve an der Stelle der angepassten Lastwechselzahlen N* ins Verhältnis gesetzt werden. Für die Ermittlung der Schädigungsanteile $D_2(N)$ aufgrund der zusätzlichen Rissbildung infolge der zweiten Beanspruchungsstufe mit $S_O = 0{,}70$ ergibt sich die angepasste Lastwechselzahl zu $N^* = N - N_{W1} = N - 30.000$ und für die Schädigungsanteile $D_3(N)$ aufgrund der zusätzlichen Rissbildung während der dritten Beanspruchungsstufe mit $S_O = 0{,}80$ entsprechend zu $N^* = N - N_{W2} = N - 41.000$. Anschließend werden die einzelnen Anteile $D_1(N)$, $D_2(N)$ und $D_3(N)$ superpositioniert, sodass sich die in Abbildung 7.20 dargestellten Verläufe des Schädigungsparameters D(N) ergeben. Zum Zeitpunkt des Versagens liegen die Werte des Schädigungsparameters mit $D(N_{f,\,PK\text{-}C}) = 1{,}14$ beziehungsweise $D(N_{f,\,PK\text{-}D}) = 1{,}14$ nicht weit vom theoretischen Wert $D(N_f) = 1{,}0$ entfernt.

Insbesondere der Vergleich mit den Verläufen des Schädigungsparameters D(N) nach Gleichung 7.2 ohne Modellerweiterung für die mehrstufige Beanspruchung in Abbildung 7.20 bestätigt die Notwendigkeit der vorgestellten Modellerweiterung. Die mithilfe der Modellerweiterung nach Gleichungen 7.4 bis 7.8 ermittelten Verläufe zeigen hingegen die erwartete Charakteristik der Schädigungsentwicklung. Nach einer starken Zunahme zu Versuchsbeginn nimmt die Steigung kontinuierlich ab. Dabei kommt es jedoch zu keinem Zeitpunkt zu einer negativen Steigung und somit zu einer Abnahme des Schädigungsparameters D(N). Mit der Steigerung des Oberspannungsniveaus auf $S_O = 0{,}70$ nach $N_{W1} = 30.000$ Lastwechseln nimmt der Schädigungsparameter D(N) erneut stark zu. Während der danach folgenden Lastwechsel nimmt die Zunahme jedoch wieder kontinuierlich ab, bis es mit der zweiten Steigerung der bezogenen Oberspannung nach insgesamt $N_{W2} = 41.000$ Lastwechseln auf $S_O = 0{,}80$ wieder zu einem starken Anstieg kommt. Kurzzeitig nimmt auch hier die Steigung ab, bevor es unmittelbar vor dem Versagen wieder zu einer Steigungszunahme kommt.

Ein Vergleich des Schädigungsverlaufs D(N) in Abbildung 7.20 mit dem Verlauf der maximalen Probekörperstauchung $\varepsilon_O(N)$ in Abbildung 7.21 zeigt eindeutige Parallelen. Zu Beginn des Versuchs sowie nach der ersten Lasterhöhung bei $N_{W1} = 30.000$ Lastwechseln ist ein sprunghafter Anstieg der Probekörperstauchung zu verzeichnen. Anschließend nimmt parallel zum Verlauf des Schädigungsparameters D(N) auch die Erhöhung der Probekörperstauchung ab. Nach der zweiten Lasterhöhung bei $N_{W2} = 41.000$ Lastwechseln erfolgt wieder ein sprunghafter Anstieg der Probekörperstauchung. Es ist davon auszugehen, dass ein solcher lastinduzierter sprunghafter Anstieg der Probekörperstauchung aus einem elastischen und einem plastischen Anteil besteht. Dabei resultiert die zusätzliche plastische Dehnung aus der Entstehung neuer Risse in der Meso- und Mikroebene. Durch diese zusätzlichen Risse steigt entsprechend der Hypothese 2 auch die mit jedem Lastwechsel dissipierte Energie E_δ stark an. Mit dem deutlichen Anstieg des Verlaufs des Schädigungsparameters D(N) unmittelbar nach einer Lasterhöhung wird diese Risszunahme abgebildet.

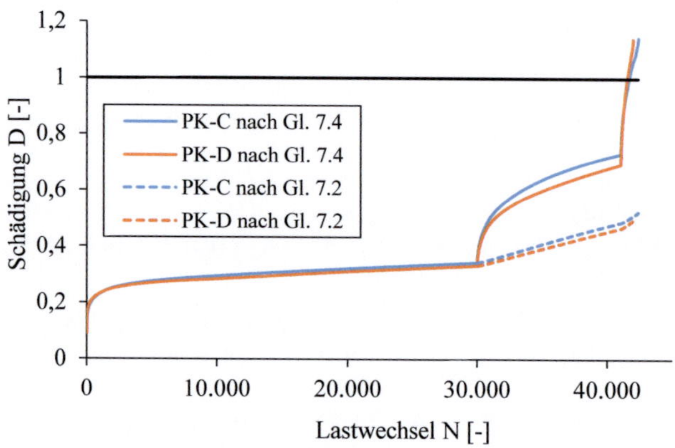

Abbildung 7.20: Darstellung der Schädigungsverläufe D(N) der Probekörper PK-C und PK-D; $f_p = 10$ Hz, $S_U = 0{,}05$, $S_O = 0{,}60; 0{,}70; 0{,}80$

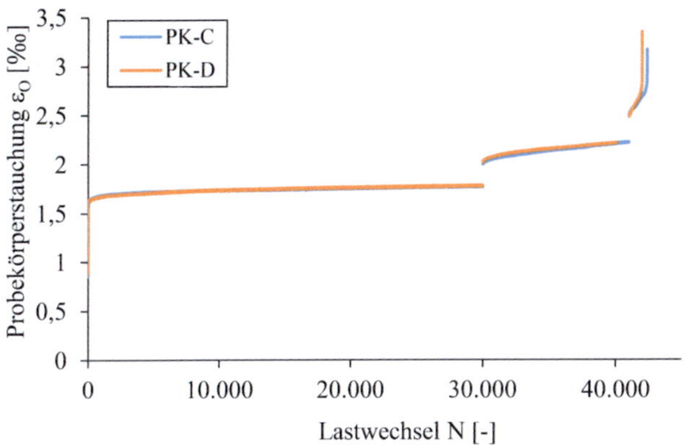

Abbildung 7.21: Verläufe der maximalen Probekörperstauchung ε_O der Probekörper PK-C und PK-D; $f_p = 10$ Hz, $S_U = 0{,}05$, $S_O = 0{,}60; 0{,}70; 0{,}80$

Insgesamt konnte die Eignung der mit den Gleichungen 7.4 bis 7.8 beschriebenen Modellerweiterung für die Ermittlung des Schädigungsparameters D(N) bei mehrstufigen Versuchen mit ansteigenden bezogenen Oberspannungsniveaus S_O bestätigt werden. Eine weitere Validierung anhand entsprechender Versuchsserien sollte dennoch im Rahmen zukünftiger Arbeiten angestrebt werden.

7.3 Anwendbarkeit bei weiteren sich verändernden Versuchsrandbedingungen

Neben der in Kapitel 7.2 untersuchten Anwendbarkeit des Schädigungsmodells bei mehrstufigen Versuchen mit wechselnden bezogenen Oberspannungsniveaus S_O gilt es, im Rahmen zukünftiger Arbeiten die Anwendbarkeit für weitere sich verändernde Versuchsrandbedingungen zu untersuchen. Insbesondere hinsichtlich der Übertragbarkeit auf reale Beanspruchungsgeschehen sind auch wechselnde Prüffrequenzen f_p, wechselnde bezogene Unterspannungsniveaus S_U sowie alternierende Wechsel der bezogenen Spannungsniveaus S_U und S_O zu untersuchen. In diesem Kapitel werden erste Überlegungen bezüglich des Einflusses der sich während eines Versuchs verändernden Beanspruchungsparameter auf das entwickelte Schädigungsmodell erläutert. Für eine detaillierte Bewertung dieser Einflüsse sowie weiterer eventuell notwendiger Modifikationen des Schädigungsmodells sind umfangreiche zusätzliche Untersuchungen erforderlich.

Eine Variation der Prüffrequenzen f_p hat entsprechend der Erläuterungen in Kapitel 6 einen Einfluss auf die Versagenskurve. Für Versuchsserien mit verschiedenen Prüffrequenzen f_p ergeben sich unterschiedliche Versagenskurven. Entsprechend müsste das Schädigungsmodell bei einer sich verändernden Prüffrequenz f_p während eines Versuchs erweitert werden. Die kumulierte Dissipationsenergie ΣE_δ müsste in einzelne Anteile entsprechend der unterschiedlichen Prüffrequenzen f_p aufgeteilt und mit der jeweiligen passenden Versagenskurve ins Verhältnis gesetzt werden. Zielführend wäre es hier, den Einfluss der Prüffrequenz f_p auf die Funktion der Versagenskurve quantifizieren zu können. Auf Grundlage einer von der Prüffrequenz f_p abhängigen Funktion der Versagenskurve ist eine entsprechende Modifikation des Schädigungsmodells denkbar.

Eine ähnliche Modifikation des Schädigungsmodells wird voraussichtlich bei Veränderungen des bezogenen Unterspannungsniveaus S_U während eines Versuchs erforderlich. Denn auch die Unterspannung beeinflusst die dissipierte Energie E_δ und somit die Funktion der jeweiligen Versagenskurve. Auch hier ist eine vom bezogenen Unterspannungsniveau S_U abhängige Formulierung der Funktion der Versagenskurve erstrebenswert. Darauf aufbauend und unter Aufteilung der kumulierten Dissipationsenergie ΣE_δ auf die unterschiedlichen bezogenen Unterspannungen S_U lässt sich das Schädigungsmodell vermutlich erweitern.

Die Auswertung von Ermüdungsversuchen mit alternierender Veränderung der Spannungsniveaus ist ebenfalls mit dem vorgestellten Schädigungsmodell denkbar. Bei Variationen des bezogenen Oberspannungsniveaus S_O ist weiterhin von einer Anwendbarkeit des Modells entsprechend der Gleichung 7.2 sowie der Modifikation für ansteigende bezogene Oberspannungsniveaus S_O entsprechend der Gleichungen 7.4 bis 7.8 auszugehen. Wie in den Kapiteln 7.2.2 und 7.2.3 gezeigt, scheint lediglich für einen Anstieg des bezogenen Oberspannungsniveaus S_O eine Modifikation erforderlich zu sein. Dies wird unter anderem mit dem sprunghaften Anstieg der Rissanzahl sowie der Risslängen begründet. Auch bei alternierenden Wechseln des bezogenen Oberspannungsniveaus S_O müsste eine Aufteilung der Risse auf die verschiedenen Spannungsniveaus entsprechend der exemplarischen Darstellung in Abbildung 7.14 erfolgen. Durch diese Aufteilung wird unter anderem berücksichtigt, dass die infolge des Anstiegs auf ein höheres bezogenes Oberspannungsniveaus S_O auftretenden Risse einen höheren Reibbeiwert μ_i besitzen als andere Risse. Neben der genauen Aufteilung der kumulierten Dissipationsenergie $\Sigma E_{\delta,vorh}$ wird die Anpassung der Lastwechselzahl N entscheidend sein. Die angepasste Lastwechselzahl N* legt fest mit welchem Wert der Versagenskurven $\Sigma E_{\delta,Vers}(N^*)$ die einzelnen Anteile der kumulierten Dissipationsenergie $\Sigma E_{\delta,i}$ ins Verhältnis gesetzt werden (vgl. Gleichungen 7.5 bis 7.8).

8 Vergleich mit bisherigen Schädigungsmodellen

Entgegen der in (Ban 1933) aufgestellten Hypothese, dass die dissipierte Energie E_δ für die Schädigung verantwortlich ist, konnte im Rahmen dieser Arbeit gezeigt werden, dass die Dissipationsenergie E_δ nicht die Ursache, sondern primär eine Folge der bereits vorhandenen Schädigungen ist. Somit unterscheidet sich auch die Herangehensweise des in Kapitel 7 vorgestellten Schädigungsmodells von den bisherigen in Kapitel 2.3.4 zusammengefassten Modellüberlegungen. Es geht nicht darum, welche Schädigung durch die vom Probekörper dissipierte Energie E_δ verursacht wurde. Grundgedanke des Schädigungsmodells ist stattdessen die Frage, welcher Schädigungsgrad der Dissipationsenergie E_δ zugrunde liegt. Der Vorteil dabei ist, dass für jeden Lastwechsel ein Wert der dissipierten Energie E_δ bestimmt werden kann. So können messtechnische oder durch die Inhomogenität des Betons begründete Schwankungen ausgeglichen werden. Insbesondere durch die Betrachtung der kumulierten Dissipationsenergie ΣE_δ können diese Schwankungen der Einzelwerte vernachlässigt werden. Ein weiterer Vorteil der Dissipationsenergie E_δ liegt in der Größenordnung der verschiedenen Energieanteile. So zeigt ein Vergleich der Tabelle 3-3 mit der Tabelle 6-1, dass bereits bei Versuchen mit geringen Bruchlastwechselzahlen N_f die Werte der kumulierten Dissipationsenergie ΣE_δ deutlich größer sind als die der elastischen sowie plastischen Energieanteile E_{el} und E_{pl}. Bei Probekörpern mit größeren Bruchlastwechselzahlen N_f vergrößert sich der Unterschied noch weiter. Außerdem werden Vorschädigungen der Probekörper durch den Schädigungsparameter D(N) aus Kapitel 7 mit abgebildet. Denn auch durch die Reibung von zu Versuchsbeginn bereits vorhandenen Rissen wird Energie dissipiert.

Im Folgenden werden auf Grundlage der in Kapitel 3 und Kapitel 5 beschriebenen und ausgewerteten experimentellen Untersuchungen die in Kapitel 2.3.4 aufgeführten Schädigungsmodelle bewertet. Das in (Sinha et al. 1964) und (Karsan & Jirsa 1969) entwickelte Envelope-Konzept konnte auch hier nicht bestätigt werden. So ergeben sich für die in Abbildung 7.11 ausgewerteten Probekörper trotz geringerer Beanspruchung ($S_O = 0{,}60$) am Ende des Versuchs gleich große Bruchdehnungen als für die zum Versuchsende stärker beanspruchten Probekörper ($S_O = 0{,}80$) aus Abbildung 7.21. Nach dem Envelope-Konzept hätten sich für die Probekörper mit geringerer Beanspruchung am Ende des Versuchs größere Bruchdehnungen ergeben müssen.

Wie bereits in Kapitel 2.3.4 beschrieben beinhaltet die für die Hypothese von *Tepfers et al.* (Tepfers et al. 1984) verwendete absorbierte Energie die Dissipationsenergie E_δ sowie den elastischen und den plastischen Energieanteil E_{el} und E_{pl}. Aus messtechnischen Gründen wurde jedoch die Dissipationsenergie E_δ

vernachlässigt. Da die kumulierte Dissipationsenergie ΣE_δ jedoch, wie zuvor beschrieben, den Großteil der gesamten absorbierten Energie ausmacht und dabei von der Bruchlastwechselzahl N_f abhängt, ergibt sich ein klarer Widerspruch zur Hypothese, dass Probekörper bei Erreichen einer bestimmten absorbierten Energiemenge versagen.

In dem Modell von *Pfanner* (Pfanner 2003) finden hingegen lediglich die elastischen und plastischen Energieanteile E_{el} und E_{pl} Verwendung. Er begründet dies damit, dass der Großteil der Dissipationsenergie E_δ durch Dämpfungsprozesse aufgebraucht wird. Aus den Auswertungen des plastischen Energieanteils E_{pl} der verschiedenen Probekörper in Kapitel 3.3 resultiert eine große Streuung der Einzelwerte. Diese Streuung ist für eine Anwendung des Schädigungsmodells von *Pfanner* als kritisch anzusehen. Wie schon in Kapitel 2.3.4 beschrieben widersprechen die Ergebnisse aus (von der Haar & Marx 2017) dem Modell von *Pfanner*. Mit den im Rahmen dieser Arbeit durchgeführten experimentellen Untersuchungen kann allerdings keine zuverlässige Bewertung des Modells vorgenommen werden. Auch wenn es sich um unterschiedliche Herangehensweisen handelt, gilt festzuhalten, dass das Modell von *Pfanner* und das in dieser Arbeit entwickelte Schädigungsmodell in keinerlei Widerspruch zueinander stehen. Während *Pfanner* die elastischen und plastischen Energieanteile E_{el} und E_{pl} als Ursache für die Schädigung bewertet, wird für das hier entwickelte Modell die Dissipationsenergie E_δ, dessen Größe und Verlauf eine Folge der vorhandenen Schädigung ist, verwendet.

Eindeutig widerlegen lässt sich mit den in dieser Arbeit ausgewerteten experimentellen Untersuchungen das Schädigungsmodell aus (Lei et al. 2017). Einerseits sind ein Großteil der Verläufe der Dissipationsenergie E_δ je Lastwechsel nicht konstant, andererseits ist die kumulierte Dissipationsenergie ΣE_δ nach Kapitel 6 offensichtlich nicht für alle Probekörper einer Versuchsserie konstant, sondern von der Bruchlastwechselzahl N_f abhängig. Aus diesem Grund lässt sich die Bruchlastwechselzahl N_f während eines Versuchs nicht über die Gleichung 2.6 bestimmen.

Die Auswertungen mit dem Schädigungsmodell in Kapitel 7 widerlegen ebenfalls die Aussage von *Song et al.* (Song et al. 2018b), wonach kein Schädigungsmodell auf Basis der dissipierten Energie E_δ möglich ist. Begründet wird die Aussage mit den geringen Werten der mit jedem Lastwechsel dissipierten Energie E_δ. Die Ergebnisse zeigen jedoch, dass aufgrund der Vielzahl vorhandener Einzelwerte sowie der Betrachtung der kumulativen Dissipationsenergie ΣE_δ Streuungen der Einzelwerte keine negativen Auswirkungen auf das Modell haben. Somit konnte im Rahmen dieser Arbeit ein auf der Dissipationsenergie ΣE_δ basierendes Schädigungsmodell für druckschwellbeanspruchte Betonprobekörper entwickelt und validiert werden.

9 Zusammenfassung und Ausblick

9.1 Zusammenfassung

Durch die Zunahme des dynamischen Beanspruchungsanteils gegenüber dem Anteil der ständigen Beanspruchungen bei Brückenbauwerken und Windenergieanlagen ergibt sich ein großer Forschungsbedarf im Bereich der Betonermüdung. Um die während der Lebensdauer der Bauwerke zu erwartenden Lastwechselzahlen versuchstechnisch umsetzen zu können, werden in der Regel hohe Prüffrequenzen verwendet. Auch wenn bisherige Untersuchungen einen Einfluss der Prüffrequenz auf den Ermüdungswiderstand der untersuchten Betonprobekörper aufgezeigt haben, ist eine Verringerung der Prüffrequenzen aus Kostengründen sowie aus Gründen der Versuchszeitoptimierung nicht umsetzbar. Eine Folge aus den hohen Prüffrequenzen ist eine deutliche Erhöhung der Probekörpertemperatur infolge der zyklisch-mechanischen Beanspruchung. Für die Probekörpertemperatur müssen nennenswerte Anteile der von der Prüfmaschine aufgebrachten mechanischen Arbeit innerhalb des Probekörpers in thermische Energie umgewandelt werden. Mithilfe der Spannungs-Dehnungslinien von ermüdungsbeanspruchten Betonprobekörpern kann zwischen dem elastischen und dem plastischen Energieanteil sowie der Dissipationsenergie unterschieden werden. Die Dissipationsenergie wird im Spannungs-Dehnungsdiagramm durch die Fläche der zwischen dem Be- und dem Entlastungsast eingeschlossenen Hystereseschleife beschrieben. Entsprechend wird mit jedem Lastwechsel Energie dissipiert.

Im Rahmen der Auswertung eigener Druckschwellversuche konnte eine Korrelation zwischen dem Erwärmungsverhalten der Probekörper und der Schädigungsentwicklung festgestellt werden. Eine erste Auswertung der elastischen und plastischen Energieanteile zeigte dabei, dass insbesondere die Dissipationsenergie für die Erwärmung verantwortlich sein muss. Dieser Zusammenhang wurde durch zusätzliche numerische Untersuchungen nochmals bestätigt. Aus diesen Ergebnissen wurden zwei Hypothesen abgeleitet. Die erste Hypothese besagt, dass die Dissipationsenergie die mechanische Arbeit beschreibt, die infolge der Reibung von Rissflächen in thermische Energie umgewandelt wird. Darauf aufbauend besagt die zweite Hypothese, dass die Größe der Dissipationsenergie von der Größe und der Anzahl der Rissflächen abhängig ist und somit einen Hinweis auf den vorhandenen Schädigungsgrad gibt.

Um die Hypothesen bewerten zu können, wurden zunächst die Dissipationsenergien für jeden Lastwechsel der Druckschwellversuche bestimmt und deren Verläufe ausgewertet. Während die erste Hypothese bestätigt werden konnte, war die zweite Hypothese nur bedingt zutreffend. Es zeigte sich, dass die qualitativen Verläufe der Dissipationsenergie je Lastwechsel über die Versuchslaufzeit vergleichbar sind mit den dreiphasigen Verläufen bisheriger Schädigungsindikatoren. Allerdings scheint das Verhältnis vom Wert der Dissipationsenergie je Lastwechsel zum Schädigungsgrad mit steigender Lastwechselzahl abzunehmen. Somit konnte zunächst kein direkter quantitativer Zusammenhang zwischen der Schädigung und der Dissipationsenergie aufgezeigt werden.

Die anschließende Auswertung der bis zum Versagen der Probekörper kumulierten Dissipationsenergie ergab einen eindeutigen funktionalen Zusammenhang bezogen auf die Bruchlastwechselzahl. Für Versuchsserien bei denen die Versuchsrandbedingungen für alle Probekörper gleich sind, liegen alle durch die zum Versagenszeitpunkt kumulierte Dissipationsenergie und die zugehörige Bruchlastwechselzahl beschriebenen Auswertungspunkte auf einer Kurve. Zu den innerhalb einer Versuchsserie konstant zu haltenden Randbedingungen zählen die Probekörpergeometrie, der verwendete Beton, die Prüffrequenz und die bezogene Unterspannung. Die entsprechenden Kurven lassen sich durch Potenzfunktionen annähern und beschreiben die zu erwartende kumulierte Dissipationsenergie für die jeweilige Bruchlastwechselzahl. Daher werden diese Kurven als Versagenskurven bezeichnet. Es zeigt sich ferner, dass die Verläufe der kumulierten Dissipationsenergie der einzelnen Probekörper unterhalb der entsprechenden Versagenskurve liegen. Erst zum Versagenszeitpunkt sind die Werte der vorhandenen kumulierten Dissipationsenergie genauso groß wie die der kumulierten Dissipationsenergie der Versagenskurve für die entsprechenden (Bruch-)Lastwechselzahlen.

Mithilfe von vorhandenen Messdaten weiterer in der Vergangenheit durchgeführter Serien von Druckschwellversuchen wurden die zuvor beschriebenen Zusammenhänge validiert. Insgesamt wurden im Rahmen dieser Arbeit 130 Druckschwellversuche ausgewertet. Für jede Versuchsserie liegen die Auswertungspunkte, die durch die zum Versagenszeitpunkt kumulierten Dissipationsenergiewerte und die Bruchlastwechselzahlen der Probekörper beschrieben werden, auf einer Kurve, der jeweiligen Versagenskurve. Auch die Kurven der zusätzlich ausgewerteten Versuchsserien lassen sich jeweils durch eine Potenzfunktion beschreiben. Die jeweiligen Funktionsparameter sind dabei abhängig vom verwendeten Beton, der Probekörpergeometrie, der bezogenen Unterspannung und der Prüffrequenz. Insbesondere aus den Versagenskurven für höhere bezogene Unterspannungen ergeben sich deutlich geringere Werte der Versagenskurven in Abhängigkeit von der Bruchlastwechselzahl. Darüber hinaus lassen sich aus den ausgewerteten Versagenskurven Rückschlüsse auf das allgemeine Ermüdungsverhalten der unter den Randbedingungen der Versuchsserie untersuchten Probekörper ziehen. So weist eine stark abflachende Versagenskurve auf ein schlechtes Ermüdungsverhalten im Bereich hoher Lastwechselzahlen hin.

Auf der Basis dieser Auswertungsergebnisse wurde außerdem ein Schädigungsparameter eigeführt und darauf aufbauend ein Schädigungsmodell entwickelt.

Über das Verhältnis der vorhandenen kumulierten Dissipationsenergie eines Probekörpers zur kumulierten Dissipationsenergie der Versagenskurve für die entsprechende (Bruch-)Lastwechselzahl wird der Schädigungsparameter D(N) berechnet. Sobald dieser den Wert D(N) = 1,0 erreicht, kommt es entsprechend der Modellüberlegung zum Versagen. Die daraus resultierenden Verläufe der einzelnen Probekörper über die Versuchslaufzeit zeigen ebenfalls einen dreiphasigen Verlauf mit deutlichen Parallelen zu anderen Schädigungsindikatoren. Mit dem Schädigungsmodell kann ebenfalls der vorhandene Schädigungsgrad eines Probekörpers während des Versuchs bewertet und somit auf die verbleibende Versuchslaufzeit geschlossen werden.

Entwickelt wurde das Schädigungsmodell zunächst anhand von Einstufenversuchen mit festgelegten Unter- sowie Oberspannungsniveaus, zwischen denen die aufgebrachte Spannung oszilliert. Anschließend konnte anhand einer ersten Überprüfung auch dessen Eignung für mehrstufige Versuche mit abnehmenden bezogenen Oberspannungsniveaus gezeigt werden. Für mehrstufige Versuche mit ansteigenden bezogenen Oberspannungsniveaus ist eine Modellerweiterung erforderlich. Eine solche Modellerweiterung wurde ebenfalls im Rahmen dieser Arbeit entwickelt. Eine erste Validierung erfolgte anhand von experimentellen Untersuchungen. Auch hier zeigen die resultierenden Werte und Verläufe des Schädigungsparameters plausible Ergebnisse. So ergibt sich unmittelbar nach einer Erhöhung der bezogenen Oberspannung auch ein deutlicher Anstieg des Schädigungsparameters.

Ein Vergleich mit bisherigen energetischen Schädigungsmodellen für die Betonermüdung zeigt die Vorteile und Besonderheiten des im Rahmen dieser Arbeit entwickelten Schädigungsmodells. Der große Unterschied befindet sich dabei in der Bewertung des Zusammenhangs zwischen Energiegröße und Schädigungsgrad. Die bisherigen Schädigungsmodelle basieren darauf, dass die jeweils betrachtete Energiegröße Ursache für die Schädigung ist und ein Versagen eintritt, sobald die Energiegröße überschritten ist. Das hier entwickelte Schädigungsmodell betrachtet hingegen die vorhandene Schädigung als Ursache für die betrachtete Energiegröße. Da die Größe der Dissipationsenergie von der Anzahl und Größe der vorhandenen Risse abhängt, lässt sich die Schädigung über die kumulative Dissipationsenergie beschreiben. Auch Vorschädigungen im Beton werden durch den Schädigungsparameter berücksichtigt. Denn auch durch die Reibung von zu Versuchsbeginn bereits vorhandenen Rissen wird Energie dissipiert.

In dieser Arbeit wurde somit eine Korrelation zwischen der Schädigung und der Dissipationsenergie aufgezeigt. Mithilfe des eingeführten Schädigungsparameters können die Schädigungsentwicklung und der Schädigungsgrad der zyklisch-mechanisch beanspruchten Probekörper beschrieben werden. Aus den ersten Untersuchungen mit dem neu entwickelten und auf dem Schädigungsparameter aufbauenden Schädigungsmodell resultierten vielversprechende Ergebnisse.

9.2 Ausblick

Mit den Versagenskurven der Versuchsserien und dem entwickelten Schädigungsmodell lässt sich die Schädigungsentwicklung vergangener und zukünftiger Versuche beschreiben. Da die Auswertung der Dissipationsenergie lediglich auf den Verformungs- und Kraftmessgrößen basiert, ist die Auswertungsmethodik unter der Bedingung einer ausreichenden Messfrequenz für nahezu alle Serien von kraftgeregelten Druckschwellversuchen anwendbar. Während derzeit die Versagenskurven für jede Versuchsserie zunächst experimentell ermittelt werden müssen, ist durch die Auswertung weiterer Versuchsserien die Entwicklung einer allgemeingültigen Versagenskurve unter Berücksichtigung der einzelnen Einflussfaktoren denkbar.

Neben der Beschreibung der Schädigungsentwicklung kann durch die direkte Auswertung bereits während des Versuchs der Schädigungsgrad bestimmt werden. Entsprechend lässt sich die verbleibende Versuchsdauer abschätzen. Für eine verlässliche Bestimmung der zu erwartenden Bruchlastwechselzahlen sind jedoch noch weitere Untersuchungen erforderlich. Dabei sollte neben dem aktuellen Wert der kumulierten Dissipationsenergie des Probekörpers auch die aktuelle Entwicklung der mit jedem Lastwechsel dissipierten Energiewerte berücksichtigt werden.

Weiterhin lassen sich aus den ermittelten Versagenskurven verschiedene Rückschlüsse auf das Ermüdungsverhalten ziehen. Somit kann durch die Auswertung der entsprechenden Versagenskurven das Ermüdungsverhalten verschiedener Betone miteinander verglichen werden.

Durch die geringen Werte der Versagenskurven von Versuchsserien mit größeren bezogenen Unterspannungen lässt sich eine Handlungsempfehlung zur Vermeidung überproportionaler Probekörpererwärmungen zukünftiger Ermüdungsversuche herleiten. Durch eine detaillierte Anpassung der bezogenen Oberspannungen lässt sich auch bei größeren bezogenen Unterspannungen eine große Verteilung der resultierenden Bruchlastwechselzahlen einer Versuchsserie erreichen. Entsprechend der Versagenskurven wird dabei über die Versuchslaufzeit jedoch weniger Energie dissipiert als bei Versuchen mit vergleichbaren Bruchlastwechselzahlen, aber geringeren bezogenen Unterspannungen. So lassen sich durch eine Erhöhung der bezogenen Unterspannung auch für größere Prüffrequenzen Versuchsserien mit einem geringen Einfluss der Probekörpererwärmung realisieren. Durch die größeren Prüffrequenzen ist wiederum eine verbesserte Kosteneffizienz der Versuche gegeben.

Wie bei anderen Schädigungsmodellen sind auch bei dem in dieser Arbeit entwickelten Modell Anwendungsgrenzen gegeben. Im Rahmen weiterer Forschungsarbeiten sollten daher diese Grenzen sowie die erforderlichen Randbedingungen weiter untersucht und das Modell gegebenenfalls weiterentwickelt werden.

Insgesamt liefert das in dieser Arbeit entwickelte Schädigungsmodell einen vielversprechenden Ansatz, um zukünftig den vorhandenen Schädigungsgrad von Beton durch die Auswertung der Dissipationsenergie beschreiben zu können.

Literaturverzeichnis

Ali, I.; Kesler, C. E. (1965): *Rheology of Concrete: A Review of Research*. Engineering Experiment Station bulletin (476).

Anders, S. (2014): *Hochfeste Betone unter Ermüdungsbeanspruchung - Einfluss der Temperaturentwicklung bei hohen Lastfrequenzen* Festschrift Ludger Lohaus zur Vollendung des sechzigsten Lebensjahres, S. 209–218.

Antrim, J. (1965): *A Study of the Mechanism of Fatigue in Cement Paste and Plain Concrete*. Lafayette, IN.

Assimacopoulos, B. M.; Warner, R. F.; Ekberg, C. E. (1959): *High Speed Fatigue Tests On Small Specimens Of Plain Concrete*. Journal of the PCI 4 (2).

Awad, M. E.; Hilsdorf, H. K. (1971): *Strength and deformation characteristics of plain concrete subjected to high repeated and sustained loads*. University of Illinois.

Ban, S. (1933): *Der Ermüdungsvorgang von Beton*. Der Bauingenieur (13/14), S. 188–192.

Bode, M.; Marx, S. (2019a): *Heat Generation during Fatigue Tests on Concrete Specimens*. fib Symposium 2019. Kraków, Polen, 27.-29.05.2019.

Bode, M.; Marx, S. (2019b): *Energetische Schädigungsanalyse der Betonermüdung*. 60. Forschungskolloquium des Deutschen Ausschusses für Stahlbeton. Hannover, 28.-29.10.2019.

Bode, M.; Marx, S.; Vogel, A.; Völker, C. (2019): *Dissipationsenergie bei Ermüdungsversuchen an Betonprobekörpern*. Beton- und Stahlbetonbau 114 (8), S. 548–556.

Breitenbücher, R.; Ibuk, H.; Yüceoglu, S. (2008): *Beeinflusst die Kornsteifigkeit der Gesteinskörnung im Beton den Degradationsprozess infolge zyklischer Druckbeanspruchung?* Beton- und Stahlbetonbau 103 (5), S. 318–323.

CEB (1982): *Design of Concrete Structures for Fire Resistance. Comite Euro-International du Beton (CEB)*. Paris (Bulletin D'Information No., 145).

CEB (1993): *CEB-FIP Model Code 1990. Comite Euro-International du Beton (CEB)*. London (No. 213/214).

Cole, D. G.; Spooner, D. C. (1968): *The damping capacity of concrete. The Structur of Concrete and its behaviour under Load: Proceedings of an International Conference, London*.

Dieterle, R. (1981): *Modelle für das Dämpfungsverhalten von schwingenden Stahlbetonträgern im ungerissenen und gerissenen Zustand*. Dissertation. ETH Zürich. Intitut für Baustatik und Konstruktion.

DIN 50100: *Dauerschwingversuch*. Februar 1978.

DIN EN 1992-1-1: *Eurocode 2: Bemessung und Konstruktion von Stahlbeton- und Spannbetontragwerken-Teil 1-1: Allgemeine Bemessungsregeln und Regeln für den Hochbau*. Deutsche Fassung EN 1992-1-1:2004 + AC:2010.

DIN EN 1992-2: *Eurocode 2: Bemessung und Konstruktion von Stahlbeton- und Spannbetontragwerken - Teil 2: Betonbrücken*. Deutsche Fassung EN 1992-2:2005 + AC:2008.

Do, M. T.; Chaallal, O.; Aitcin, P. C. (1993): *Fatigue behavior of high-performance concrete*. Journal of Material Civil Engineering 5 (1), S. 96–111.

El Bitouri, Y.; Jamin, F.; Pélissou, C.; El Youssoufi, M. S. (2017): *Tensile and shear bond strength between cement paste and aggregate subjected to high temperature*. Materials and Structures 50 (6).

Elsmeier, K. (2019): *Einfluss der Probekörpererwärmung auf den Ermüdungswiderstand von hochfestem Vergussbeton*. Dissertation. Institut für Baustoffe, Leibniz Universität Hannover.

Elsmeier, K.; Hümme, J.; Oneschkow, N.; Lohaus, L. (2016): *Prüftechnische Einflüsse auf das Ermüdungsverhalten hochfester feinkörniger Vergussbetone*. Beton- und Stahlbetonbau 111 (4), S. 233–240.

El-Tornachi, M. K. (2003): *Rauheit von Betonoberflächen. 3D-Laser-Messung und Beschreibung der Rauheit von Betonoberflächen - Reibung und Kraftübertragung zwischen Alt- und Neubeton unter nicht ruhender Belastung*. Dissertation. Fakultät Bauwesen, Universität Dortmund.

fib (2013): *fib Model Code for Concrete Structures 2010*. FIB - Fédération internationale du béton. Berlin.

Göhlmann, J. (2009): *Zur Schädigungsberechnung an Betonkonstruktionen für Windenergieanlagen unter mehrstufiger und mehraxialer Ermüdungsbeanspruchung*. Dissertation. Institut für Massivbau, Leibniz Universität Hannover.

Grünberg, J.; Göhlmann, J. (2013): *Concrete Structures for Wind Turbines*. Berlin: Ernst & Sohn Betonkalender.

Heek, P.; Mark, P. (2016): *Zur Ermüdung von Beton und Stahlfaserbeton*. Beton- und Stahlbetonbau 111 (4), S. 221–232.

Heek, P.; Mark, P. (2019): *Ermüdung von Beton bei mehrachsiger und mehrstufiger Beanspruchung*. Beton- und Stahlbetonbau 114 (8), S. 537–547.

Hilsdorf, H. K.; Kesler, C. E. (1966): *Fatigue Strength of Concrete Under Varying Flexural Stresses*. Journal of the American Concrete Institute 63, S. 1059–1076.

Hohberg, R. (2004): *Zum Ermüdungsverhalten von Beton*. Dissertation. Technische Universität Berlin.

Holmen, J. O. (1979): *Fatigue of concrete by constant and variable amplitude loading*. Dissertation. Division of Concrete Structures, University of Trondheim.

Hsu, T. T. C. (1981): *Fatigue of Plain Concrete*. ACI Journal 78 (27), S. 292–305.

Hümme, J.; von der Haar, C.; Lohaus, L.; Marx, S. (2016): *Fatigue behaviour of a normal-strength concrete – number of cycles to failure and strain development*. Structural Concrete 17 (4), S. 637–645.

Jinawath, P. (1974): *Cumulative fatigue damage of plain concrete in compression*. Dissertation. University of Leeds.

Jordan, R. W. (1980): *The effect of stress, frequency, curing, mix and age upon the damping of concrete*. Magazine of Concrete Research 32 (113), S. 195–205.

Karsan, I. D.; Jirsa, J. O. (1969): *Behavior of concrete under compressive loadings*. Journal of Structural Division (ASCE) 95 (12), S. 2543–2563.

Keller, T. (1991): *Dauerhaftigkeit von Stahlbetontragwerken*. Dissertation. Institut für Baustatik und Konstruktion, ETH Zürich.

Klausen, D. (1978): *Festigkeit und Schädigung von Beton bei häufig wiederholter Beanspruchung*. Dissertation. Technische Hochschule Darmstadt.

Lei, D.; Zhang, P.; He, J.; Bai, P.; Zhu, F. (2017): *Fatigue life prediction method of concrete based on energy dissipation*. Construction and Building Materials 145, S. 419–425.

Lusche, M. (1972): *Beitrag zum Bruchmechanismus von auf Druck beanspruchtem Normal- und Leichtbeton mit geschlossenem Gefüge*. Düsseldorf: Beton-Verlag Schriftenreihe der Zementindustrie, 39.

Marx, S.; Grünberg, J.; Hansen, M.; Schneider, S. (2017): *Sachstandbericht Grenzzustände der Ermüdung von dynamisch hoch beanspruchten Tragwerken aus Beton*. Deutscher Ausschuss für Stahlbeton (Heft 618).

Mehmel, A. (1926): *Untersuchungen über den Einfluss häufig wiederholter Duckbeanspruchungen auf Druckelastizität und Druckfestigkeit von Beton*. Berlin: Verlag von Julius Springer.

Mehmel, A.; Kern, E. (1962): *Elastische und plastische Stauchungen von Beton infolge Druckschwell- und Standbelastung*. Deutscher Ausschuss für Stahlbeton (Heft 153).

Mei, S.; Su, L.; Li, P.; Wang, Y. (2018): *Material Damping of Concrete under Cyclic Axial Compression*. Journal of Materials in Civil Engineering 30 (3).

Miner, M. A. (1945): *Cumulative Damage in Fatigue*. Journal of Applied Mechanics (Nr. 12), S. A159-A164.

Müller, H. S.; Haist, M. (2010): *Rissursachen und betontechnologische Möglichkeiten der Rissbeherrschung*. Beherrschung von Rissen in Beton. 7. Symposium Baustoffe und Bauwerkserhaltung. KIT Karlsuhe, 23.03.2010.

Oh, B. H. (1991): *Cumulative Damage Theory of Concrete under Variable-Amplitude Fatigue Loadings*. ACI Material Journal 88 (1), S. 41–48.

Oneschkow, N. (2016a): *Analyse des Ermüdungsverhaltens von Beton anhand der Dehnungsentwicklung*. Dissertation. Institut für Baustoffe, Leibniz Universität Hannover.

Oneschkow, N. (2016b): *Fatigue behaviour of high-strength concrete with respect to strain and stiffness*. International Journal of Fatigue 87, S. 38–49.

Otto, C.; Oneschkow, N.; Lohaus, L. (2019): *Difference between the Fatigue Behaviour of High-Strength Grout and High-Strength Concrete*. fib Symposium 2019. Kraków, Polen, 27.-29.05.2019.

Palmgren, A. (1924): *Die Lebensdauer von Kugellagern*. Zeitschrift des Vereins deutscher Ingenieure 68 (14), S. 339–341.

Pfanner, D. (2003): *Zur Degradation von Stahlbetonbauteilen unter Ermüdungsbeanspruchung*. Dissertation. Ruhr-Universität Bochum.

Pölling, R. (2000): *Eine praxisnahe, schädigungsorientierte Materialbeschreibung von Stahlbeton für Strukturanalysen*. Dissertation. Ruhr-Universität Bochum.

Scheiden, T.; Oneschkow, N. (2019): *Influence of coarse aggregate type on the damage mechanism in high-strength concrete under compressive fatigue loading*. Structural Concrete 20 (4), S. 1212–1219.

Scheiden, T.; Oneschkow, N.; Löhnert, S.; Patel, R. (2019): *Fatigue damage of high-strength concrete with basalt aggregate*. fib Symposium 2019. Kraków, Polen, 27.-29.05.2019.

Schneider, S.; Marx, S. (2018): *Investigation on the Influence of Loading Frequency on the Fatigue Resistance of a High Strength Concrete*. fib Congress 2018. Melbourne, Australien, 07.-11.10. 2018.

Schneider, S.; Marx, S. (2019): *Betonermüdung unter verschiedenen Belastungsfrequenzen und -pausen*. 60. Forschungskolloquium des Deutschen Ausschusses für Stahlbeton. Hannover, 28.-29.10.2019.

Schneider, S.; Vöcker, D.; Marx, S. (2012): *Zum Einfluss der Belastungsfrequenz und der Spannungsgeschwindigkeit auf die Ermüdungsfestigkeit von Beton*. Beton- und Stahlbetonbau 107 (12), S. 836–845.

Schwabach, E. (2005): *Verformungs- und Degradationsverhalten von niederzyklisch uniaxial druckbeanspruchtem Beton*. Dissertation. Bauhaus-Universität Weimar

Sinha, B. P.; Gerstle, K. H.; Tulin, L. G. (1964): *Stress-strain relations for concrete under cyclic loading*. Journal of the American Concrete Institute (2), S. 195–211.

Song, Z.; Frühwirt, T.; Konietzky, H. (2018a): *Characteristics of dissipated energy of concrete subjected to cyclic loading*. Construction and Building Materials 168, S. 47–60.

Song, Z.; Konietzky, H.; Frühwirt, T. (2018b): *Hysteresis energy-based failure indicators for concrete and brittle rocks under the condition of fatigue loading*. International Journal of Fatigue 114, S. 298–310.

Spooner, D. C.; Dougill, J. W. (1975): *A quantitative assessment of damage sustained in concrete during compressive loading*. Magazine of Concrete Research 27 (92), S. 151–160.

Spooner, D. C.; Pomeroy, C. D.; Dougill, J. W. (1976): *Damage and energy dissipation in cement pasts in compression*. Magazine of Concrete Research 28 (94), S. 21–29.

Tassios, T. P.; Vintzelou, E. N. (1987): *Concrete-to-Concrete Friction*. Journal of Structural Engineering 113 (4), S. 832–849.

Taylor, M. A.; Broms, B. B. (1964): *Shear Bond Strength between Coarse Aggregate and Cement Paste or Mortar*. Journal of the ACI, S. 939–956.

Teichen, K.-T. (1968): *Über die innere Dämpfung von Beton*. Dissertation. Universität Stuttgart.

Tepfers, R.; Hedberg, B.; Szczekocki, G. (1984): *Absorption of energy in fatigue loading of plain concrete*. Matériaux et Constructions (97), S. 59–64.

Thiele, M. (2015): *Experimentelle Untersuchung und Analyse der Schädigungsevolution in Beton unter hochzyklischen Ermüdungsbeanspruchungen*. Dissertation. Technische Universität Berlin.

Thiele, M.; Pirskawetz, S.; Baeßler, M.; Rogge, A. (2011): *Untersuchung der Schädigungsevolution in Beton unter Ermüdungsbeanspruchung mit Hilfe der Schallemissionsanalyse*. Deutsche Gesellschaft für Zerstörungsfreie Prüfung e.V. 18. Kolloquium Schallemission. Weimar, 27.-28.10.2011.

Tomann, C.; Oneschkow, N. (2019): *Influence of moisture content in the microstructure on the fatigue deterioration of high-strength concrete*. Structural Concrete 20 (4), S. 1204–1211.

Urban, S.; Wagner, R.; Strauss, A.; Dallinger, S.; Reiterer, M.; Dehlinger, C.; Bergmeister, K. (2014): *Monitoring des realen Grades der Ermüdungsschädigung in Betonstrukturen*. Beton- und Stahlbetonbau 109 (7), S. 473–485.

Vogel, A.; Völker, C.; Bode, M.; Marx, S. (2020): *Messung und Simulation der Erwärmung von ermüdungsbeanspruchten Betonprobekörpern*. Bauphysik 42 (2).

von der Haar, C. (2016): *Ein mechanisch basiertes Dehnungsmodell für ermüdungsbeanspruchten Beton*. Dissertation. Institut für Massivbau, Leibniz Universität Hannover.

von der Haar, C.; Marx, S. (2016): *Development of stiffness and ultrasonic pulse velocity of dynamically loaded concrete*. Structural Concrete, S. 630–636.

von der Haar, C.; Marx, S. (2017): *Ein additives Dehnungsmodell für ermüdungsbeanspruchten Beton*. Beton- und Stahlbetonbau 112 (1), S. 31–40.

von der Haar, C.; Wedel, F.; Marx, S. (2016): *Numerical and Experimental Investigations of the Warming of fatigue-loaded Concrete.* fib Symposium 2016. Kapstadt, Südafrika, 21.-23.11.2016.

Waubke, N. V.; Weiß, R. (1979): *Versuche zur Ermittlung der Haftreibung zwischen Betonoberflächen.* Cement and Concrete Research, S. 553–562.

Weigler, H.; Klausen, D. (1979): *Ermüdungsverhalten von Beton. Auswirkung einer Beanspruchung im Dauerfestigkeitsbereich.* Betonwerk + Fertigteil-Technik (4), S. 214–220.

Weigler, H.; Rings, R. H. (1985): *Unbewehrter und bewehrter Beton unter Wechselbelastung.* Betonwerk + Fertigteil-Technik (11), S. 705–713.

Whaley, C. P. (1971): *The creep of concrete under cyclic uniaxial compression.* Dissertation. The Department of Civil Engineering, The University of Leeds.

Whaley, C. P.; Neville, A. M. (1973): *Non-elastic deformation of concrete under cyclic compression.* Magazine of Concrete Research 25 (84), S. 145–154.

Wischers, G. (1978a): *Aufnahme und Auswirkungen von Druckbeanspruchung auf Beton.* Beton (2), S. 63–67.

Wischers, G. (1978b): *Aufnahme und Auswirkungen von Druckbeanspruchung auf Beton.* Beton (3), S. 98–103.

Wittmann, F. H. (1986): *Structure of Concrete and Crack Formation.* Fracture of Non-Metallic Materials, S. 309–340.

Zaitsev, Y. B.; Wittmann, F. H. (1981): *Simulation of crack propagation and failure of concrete.* Matériaux et Constructions 14 (5), S. 357–365.

Zhao, G. Y.; Wu, P. G.; Bai, L. M. (1996): *Research on fatigue behaviour of high-strength concrete under compressive cyclic loading.* 4th International Symposium on Utilization of High-strength/High-performance concrete. Paris, Frankreich, 29.-31.05.1996.

Abbildungsverzeichnis

Abbildung 2.1: Parameter eines kraftgeregelten Ermüdungsversuchs, nach (DIN 50100) ... 5
Abbildung 2.2: Wöhlerlinien für druckschwellbeanspruchte Betonprobekörper entsprechend des Model Codes 2010 (fib 2013) ... 6
Abbildung 2.3: Beanspruchungsverlauf mit ansteigenden Oberspannungsniveaus ... 8
Abbildung 2.4: Beanspruchungsverlauf mit abnehmenden Oberspannungsniveaus ... 8
Abbildung 2.5: Maßstabsebenen von Beton, aus (Schwabach 2005) ... 9
Abbildung 2.6: Spannungsverteilung infolge einer Druckbeanspruchung, nach (Lusche 1972) ... 11
Abbildung 2.7: Einteilung der Spannungs-Dehnungslinie eines Normalbetons unter monoton steigender Beanspruchung, nach (Lusche 1972) ... 12
Abbildung 2.8: Modell zur Schädigungsentwicklung eines Normalbetons in der Mesoebene, nach (Lusche 1972) ... 12
Abbildung 2.9: Verteilung der Rissorientierung bei einem zylindrischen Betonprobekörper infolge einer uniaxialen Druckbeanspruchung, nach (Taylor & Broms 1964) ... 13
Abbildung 2.10: Dehnungsentwicklung mit Beschreibung der Schädigungsevolution eines kraftgeregelten Druckschwellversuchs, nach (Thiele 2015) ... 14
Abbildung 2.11: Dehnungsanteile während eines kraftgeregelten Druckschwellversuchs, nach (von der Haar 2016) ... 15
Abbildung 2.12: Steifigkeitsdegradation während eines kraftgeregelten Druckschwellversuchs, aus (Oneschkow 2016b) ... 15
Abbildung 2.13: Schallemissionsaktivität bei einem kraftgeregelten Druckschwellversuch, nach (Thiele et al. 2011) ... 17
Abbildung 2.14: Summenverläufe der Schallereignisse getrennt für Be- und Entlastungen, nach (Thiele et al. 2011) ... 17
Abbildung 2.15: Verlauf der senkrecht zur Beanspruchung ermittelten Ultraschallgeschwindigkeiten v_f während eines kraftgeregelten Druckschwellversuchs, nach (Thiele 2015) ... 18
Abbildung 2.16: Verlauf der in Beanspruchungsrichtung ermittelten Ultraschallgeschwindigkeiten v_f während eines kraftgeregelten Druckschwellversuchs, nach (Thiele 2015) ... 18

Abbildung 2.17: Verlauf der Be- und Entlastungskurven eines Spannungs-Dehnungsdiagramms nach N Lastwechseln, nach (Mehmel & Kern 1962) 19
Abbildung 2.18: Entwicklung der Probekörpertemperaturen infolge zyklischer Druckschwellbeanspruchung, nach (von der Haar et al. 2016) 21
Abbildung 2.19: Probekörpererwärmung für verschiedene bezogene Unterspannungsniveaus S_U; mit $S_O = 0{,}85$ und $f_p = 10$ Hz, nach (Elsmeier 2019) 22
Abbildung 2.20: Probekörpererwärmung für verschiedene Spannungsniveaus bei gleicher Spannungsschwingbreite $\Delta\sigma$; mit $f_p = 10$ Hz, nach (Elsmeier 2019) 22
Abbildung 2.21: Ideal-elastischer Werkstoff, nach (Wischers 1978a) 24
Abbildung 2.22: Elasto-plastischer Werkstoff, nach (Wischers 1978a) 24
Abbildung 2.23: Spannungs-Dehnungslinie von Beton, nach (Wischers 1978a) 24
Abbildung 2.24: Spannungs-Dehnungslinie eines kraftgeregelten zyklischen Versuchs 25
Abbildung 2.25: Schematische Darstellung der Spannungs-Dehnungslinie und der Dissipationsenergie E_δ, nach (von der Haar et al. 2016) 25
Abbildung 2.26: Typischer Verlauf der Dissipationsenergie E_δ je Lastwechsel, nach (Do et al. 1993) 31
Abbildung 2.27: Dissipationsenergie E_δ je Lastwechsel mit ansteigenden Oberspannungsniveaus nach jeweils 1.000 Lastwechseln; $f_p = 5$ Hz, $S_U \approx 0{,}00$, $S_O = 0{,}80/0{,}83/0{,}85/0{,}88$, nach (Lei et al. 2017) 33
Abbildung 2.28: Dissipationsenergie E_δ je LW für zwei Betonprobekörper mit unterschiedlicher Gesteinskörnung; $f_p = 8$ Hz, $S_U = 0{,}05$, $S_O = 0{,}75$, nach (Scheiden & Oneschkow 2019) 33
Abbildung 2.29: Darstellung des Envelope-Konzepts mit der Umhüllenden und den Hysteresen eines niederzyklischen Versuchs, nach (Sinha et al. 1964) 35
Abbildung 2.30: Darstellung der absorbierten Energie nach (Tepfers et al. 1984) 35
Abbildung 2.31: Schädigungsmodell von *Pfanner*, nach (Pfanner 2003) 36
Abbildung 2.32: Verringerung des Reibbeiwerts μ durch Wiederholung des Reibvorgangs für verschiedene Normalspannungen σ, nach (Tassios & Vintzelou 1987) 40

Abbildung 3.1: Schematischer Versuchsaufbau ... 42
Abbildung 3.2: Wöhlerdarstellung der zyklischen Versuchsergebnisse ... 43
Abbildung 3.3: Vergleich des Dehnungsverlaufs mit dem Verlauf der Temperaturerhöhung ΔT im Kern des Probekörpers ZA3.1; $f_p = 8$ Hz, $S_O = 0{,}60$, $S_U = 0{,}05$, $N_f = 1.272.861$, nach (Bode & Marx 2019a) ... 46
Abbildung 3.4: Korrelation zwischen der Probekörpererwärmung während der ersten N = 1.000 Lastwechsel und der Bruchlastwechselzahl N_f für Versuche mit $S_U = 0{,}05$, $f_p = 8$ Hz, nach (Bode & Marx 2019a) ... 46
Abbildung 3.5: Vergleich zwischen den Temperaturverteilungen und den Bruchbildern für drei Probekörper, nach (Bode & Marx 2019a) ... 47
Abbildung 3.6: Temperaturänderung ΔT_{Kern} im Kern des Probekörpers ZA1.2; $f_p = 2$ Hz, $S_U = 0{,}05$, $S_O = 0{,}65$, $N_f = 385.614$ ... 48
Abbildung 3.7: Temperaturerhöhung ΔT auf der Oberfläche des Probekörpers ZA2.4; $f_p = 8$ Hz, $S_U = 0{,}05$, $S_O = 0{,}80$, $N_f = 858$ ... 51
Abbildung 3.8: Temperaturerhöhung ΔT auf der Oberfläche des Probekörpers ZA3.9; $f_p = 8$ Hz, $S_U = 0{,}05$, $S_O = 0{,}65$, $N_f = 12.516$ ... 52
Abbildung 3.9: Temperaturerhöhung ΔT auf der Oberfläche des Probekörpers ZA3.1; $f_p = 8$ Hz, $S_U = 0{,}05$, $S_O = 0{,}60$, $N_f = 1.272.908$ ... 52
Abbildung 4.1: Schematische Darstellung zur Reibung eines Risses an der Kontaktzone zwischen Zementstein und Gesteinskorn . 54
Abbildung 4.2: Schematische Darstellung der Reibenergie eines Risses bei einem Belastungsvorgang ... 55
Abbildung 5.1: Spannungs-Dehnungslinien verschiedener Lastwechsel des Probekörpers ZA3.1; $S_U = 0{,}05$, $S_O = 0{,}60$, $f_P = 8$ Hz... 58
Abbildung 5.2: Ablaufschema für die Bestimmung der Dissipationsenergie E_δ für jeden Lastwechsel, aus (Bode et al. 2019) ... 60
Abbildung 5.3: Dissipationsenergie E_δ je Lastwechsel des Probekörpers ZA3.4; $f_p = 8$ Hz, $S_U = 0{,}05$, $S_O = 0{,}80$ ... 61
Abbildung 5.4: Dissipationsenergie E_δ je Lastwechsel; $f_p = 8$ Hz, $S_U = 0{,}05$ ... 62
Abbildung 5.5: Dissipationsenergie E_δ je Lastwechsel; $f_p = 2$ Hz, $S_U = 0{,}05$ ... 62

Abbildung 5.6: Verlauf der Dissipationsenergie E_δ je Lastwechsel während der letzten 1.000 Lastwechsel vor dem Versagen; $f_p = 8$ Hz, $S_U = 0,05$ ... 64
Abbildung 5.7: Vergleich der gemessenen Temperaturverläufe während der Versuchsdurchführung mit den simulierten Temperaturverläufen für den Probekörper ZA2.11; $f_P = 8$ Hz, $S_U = 0,05$, $S_O = 0,60$, $N_f = 182.710$, nach (Vogel et al. 2020) ... 66
Abbildung 5.8: Vergleich der gemessenen Temperaturverläufe während der Versuchsdurchführung mit den simulierten Temperaturverläufen für den Probekörper ZA3.1; $f_P = 8$ Hz, $S_U = 0,05$, $S_O = 0,60$, $N_f = 1.272.908$, nach (Vogel et al. 2020) ... 66
Abbildung 6.1: Verläufe der kumulierten Dissipationsenergie ΣE_δ für vier ausgewählte Probekörper; $f_p = 8$ Hz, $S_U = 0,05$ ... 71
Abbildung 6.2: Kumulierte Dissipationsenergie ΣE_δ zum Zeitpunkt des Versagens der einzelnen Probekörper in doppelt-logarithmischer Darstellung; $f_p = 8$ Hz, $S_U = 0,05$ ... 73
Abbildung 6.3: Kumulierte Dissipationsenergie ΣE_δ zum Zeitpunkt des Versagens der einzelnen Probekörper in doppelt-logarithmischer Darstellung; $f_p = 2$ Hz, $S_U = 0,05$ ... 73
Abbildung 6.4: Verläufe der kumulierten Dissipationsenergie ΣE_δ für fünf ausgewählte Probekörper und Darstellung der Versagenskurve der Versuchsserie ZA; $f_p = 8$ Hz, $S_U = 0,05$ ... 74
Abbildung 6.5: Vergleich der Versagenskurven der Versuchsserien ZA für $f_p = 8$ Hz und $f_p = 2$ Hz; $S_U = 0,05$ ... 76
Abbildung 6.6: Kumulierte Dissipationsenergie ΣE_δ zum Zeitpunkt des Versagens der einzelnen Probekörper der Versuchsserie ZB mit den Versagenskurven ZA und ZB in doppelt-logarithmischer Darstellung; $f_p = 8$ Hz, $S_U = 0,05$ ... 77
Abbildung 6.7: Vergleich der Versagenskurven verschiedener Betone bei unterschiedlichen Prüffrequenzen f_p ... 80
Abbildung 6.8: Vergleich der Versagenskurven verschiedener Betone bei unterschiedlichen bezogenen Unterspannungsniveaus S_U ... 81
Abbildung 6.9: Vergleich der Wöhlerlinien verschiedener Betone bei unterschiedlichen bezogenen Unterspannungsniveaus S_U ... 82
Abbildung 6.10: Einfluss der Prüffrequenz f_p auf die Koeffizienten a und Exponenten b der Versagensfunktionen auf dem bezogenen Unterspannungsniveau $S_U = 0,05$ ... 83

Abbildung 6.11: Einfluss der bezogenen Unterspannung S_U auf die Koeffizienten a und Exponenten b der Versagensfunktionen bei einer Prüffrequenz von $f_p = 5$ Hz 84
Abbildung 6.12: Einfluss der Druckfestigkeit f_{ref} auf die Koeffizienten a und Exponenten b der Versagensfunktionen auf dem bezogenen Unterspannungsniveau $S_U = 0,05$ 85
Abbildung 6.13: Darstellung von qualitativen Verläufen des durchschnittlichen Reibbeiwerts μ der Rissflächen, der Gesamtrissfläche ΣA_{Riss}, der Dissipationsenergie E_δ je Lastwechsel, des E-Moduls E und der kumulierten Dissipationsenergie ΣE_δ für einen druckschwellbeanspruchten Probekörper mit langsamer Schädigungsentwicklung 87
Abbildung 7.1: Darstellung der Schädigungsverläufe D(N) der Versuchsserie ZA; $f_p = 8$ Hz 90
Abbildung 7.2: Darstellung der auf die normierten Lastwechselzahlen bezogenen Schädigungsverläufe $D(N/N_f)$ der Versuchsserie ZA; $f_p = 8$ Hz 92
Abbildung 7.3: Darstellung der auf die normierten Lastwechselzahlen bezogenen Schädigungsverläufe $D(N/N_f)$ der Versuchsserie ZA; $f_p = 2$ Hz 92
Abbildung 7.4: Ablaufschema zur Ermittlung der Verläufe des Schädigungsparameters D(N) 96
Abbildung 7.5: Kumulierte Dissipationsenergie ΣE_δ zum Zeitpunkt des Versagens der einzelnen Probekörper der Versuchsserie C60-10Hz-II mit der Versagenskurve in doppelt-logarithmischer Darstellung; $f_p = 10$ Hz, $S_U = 0,05$ 98
Abbildung 7.6: Verläufe der Dissipationsenergie E_δ je Lastwechsel zu Versuchsbeginn für drei ausgewählte Probekörper der Versuchsserie ZA mit unterschiedlichen bezogenen Oberspannungsniveaus S_O; $f_p = 8$ Hz, $S_U = 0,05$ 99
Abbildung 7.7: Verläufe der Versagenskurve sowie der kumulierten Dissipationsenergie ΣE_δ je Lastwechsel zu Versuchsbeginn für drei ausgewählte Probekörper mit unterschiedlichen bezogenen Oberspannungsniveaus S_O; $f_p = 8$ Hz, $S_U = 0,05$ 99
Abbildung 7.8: Dissipationsenergie E_δ je Lastwechsel der Probekörper PK-A und PK-B; $f_p = 10$ Hz, $S_U = 0,05$, $S_O = 0,80; 0,70; 0,60$ 101

Abbildung 7.9: Verlauf der Versagenskurve sowie Darstellung der kumulierten Dissipationsenergie ΣE_δ der Probekörper PK-A und PK-B; $f_p = 10$ Hz, $S_U = 0{,}05$, $S_O = 0{,}80$; 0,70; 0,60 101
Abbildung 7.10: Darstellung der Schädigungsverläufe D(N) der Probekörper PK-A und PK-B; $f_p = 10$ Hz, $S_U = 0{,}05$, $S_O = 0{,}80$; 0,70; 0,60 102
Abbildung 7.11: Verläufe der maximalen Probekörperstauchung ε_O der Probekörper PK-A und PK-B; $f_p = 10$ Hz, $S_U = 0{,}05$, $S_O = 0{,}80$; 0,70; 0,60 103
Abbildung 7.12: Exemplarische Darstellung der Dissipationsenergie E_δ je Lastwechsel bei einem Versuch mit zweimaliger Erhöhung des bezogenen Oberspannungsniveaus S_O 105
Abbildung 7.13: Exemplarische Darstellung der kumulierten Dissipationsenergie ΣE_δ bei einem Versuch mit zweimaliger Erhöhung des bezogenen Oberspannungsniveaus S_O im Bezug zur Versagenskurve der entsprechenden Versuchsserie 105
Abbildung 7.14: Schematische Darstellung der Rissentwicklung innerhalb eines Zylinders; blau ≙ Risse infolge der Belastung mit dem Oberspannungsniveau 1; orange ≙ Risse infolge der Belastung mit dem Oberspannungsniveau 2; grau ≙ Risse infolge der Belastung mit dem Oberspannungsniveau 3 106
Abbildung 7.15: Exemplarische Darstellung der Dissipationsenergie $E_{\delta,vorh}$ je Lastwechsel zusammen mit der jeweiligen Aufteilung bei einem Versuch mit zweimaliger Erhöhung des bezogenen Oberspannungsniveaus S_O 107
Abbildung 7.16: Exemplarische Darstellung der aufgeteilten kumulierten Dissipationsenergie ΣE_δ bei einem Versuch mit zweimaliger Abnahme des bezogenen Oberspannungsniveaus S_O sowie der Versagenskurve der Versuchsserie 109
Abbildung 7.17: Dissipationsenergie E_δ je Lastwechsel der Probekörper PK-C und PK-D; $f_p = 10$ Hz, $S_U = 0{,}05$, $S_O = 0{,}60$; 0,70; 0,80 111
Abbildung 7.18: Dissipationsenergie E_δ je Lastwechsel der Probekörper PK-C und PK-D nach der letzten Erhöhung des bezogenen Oberspannungsniveaus S_O; $f_p = 10$ Hz, $S_U = 0{,}05$, $S_O = 0{,}80$ 112

Abbildung 7.19: Verlauf der Versagenskurve sowie Darstellung der kumulierten Dissipationsenergie ΣE_δ der Probekörper PK-C und PK-D; $f_p = 10$ Hz, $S_U = 0{,}05$, $S_O = 0{,}60; 0{,}70; 0{,}80$ 112
Abbildung 7.20: Darstellung der Schädigungsverläufe D(N) der Probekörper PK-C und PK-D; $f_p = 10$ Hz, $S_U = 0{,}05$, $S_O = 0{,}60; 0{,}70; 0{,}80$ 114
Abbildung 7.21: Verläufe der maximalen Probekörperstauchung ε_O der Probekörper PK-C und PK-D; $f_p = 10$ Hz, $S_U = 0{,}05$, $S_O = 0{,}60; 0{,}70; 0{,}80$ 115

Tabellenverzeichnis

Tabelle 3-1: Versuchsprogramm der eigenen Untersuchungen 42
Tabelle 3-2: Bruchlastwechselzahlen N_f der Probekörper 44
Tabelle 3-3: Auswertung der Energieanteile der mit einer Prüffrequenz von $f_p = 8$ Hz beanspruchten Probekörper 50
Tabelle 6-1: Kumulierte Dissipationsenergie ΣE_δ der Versuchsserie ZA 72
Tabelle 6-2: Weitere Versuchsserien, die hinsichtlich der kumulierten Dissipationsenergie ΣE_δ ausgewertet wurden 79
Tabelle 7-1: Vergleich der Werte der Schädigungsparameter $D(N_f)^1$ nach Gleichung 7.2 und $D(N_f)^2$ nach der Schädigungsakkumulationshypothese von *Palmgren* und *Miner* ((Palmgren 1924), (Miner 1945)) auf Basis der theoretischen Bruchlastwechselzahlen N_f nach dem Model Code 2010 (fib 2013) 95
Tabelle 7-2: Aufteilung der Dissipationsenergie $E_\delta(N)$ je Lastwechsel in die verschiedenen Anteile $E_{\delta,i}(N)$ entsprechend des jeweiligen Oberspannungsniveaus 108

Anhang

A.1 Versuchsserie ZA

A.1.1 Allgemeines

Zement: CEM I 52,5 R

Geteinskörnung: quarzitisch (rund), Regelsieblinie B8 nach DIN 1045-2

Betonentwurf: Wasser - w = 188 kg/m^3

Zement - z = 510 kg/m^3

Gesteinskörn. - g = 1.554 kg/m^3, Oberflächenfeuchte 3,8%

w/z-Wert: w/z = 0,50

Konsistenzkl.: F3

Luftgehalt: l = 1,4%

Frischbetonrohd.: ρ_f = 2,299 kg/m^3

Probenform: Zylinder, d = 100 mm, h = 300 mm

Lagerung: -24 Stunden in der Schalung
-weitere 6 Tage unter Wasser
-anschließend bei T_L =20°C und ρ_L = 65% in der Klimakammer

Trocknung: -nach 28 Tagen
-stufenweise Erwärmung auf T = 105°C
-bis zur Massenkonstanz
-stufenweise Abkühlung
-keine Trocknung bei den Probekörpern ZC

Druckfestigkeitsprüfung nach 28 Tagen

Probenform: Zylinder d = 150 mm, h = 300 mm

Probe	ZC1	ZC2	ZC3	ZC4	ZC5
Druckfestigkeit $f_{c,i}$ [N/mm^2]	66,88	63,61	65,11	64,80	64,26

Druckfestigkeitsprüfung nach 140 Tagen (Referenzdruckfestigkeit f_{ref})

Probenform: Zylinder d = 100 mm, h = 300 mm

Probe	ZA1.1	ZA1.11	ZA2.1	ZA4.1	ZA5.1	ZA5.5	$\mathbf{f_{ref}}$
Druckfestigkeit $f_{c,i}$ [N/mm^2]	50,50	53,14	52,97	62,29	58,85	56,62	**55,73**

A.1.2 Dissipationsenergie

Probekörper:	ZA2.4
Probenalter:	146 Tage
Prüffrequenz:	$f_p = 8$ Hz
Bez. Oberspannung:	$S_O = 0{,}80$
Bez. Unterspannung:	$S_U = 0{,}05$
Bruchlastwechselzahl:	$N_f = 858$
Kum. Dissipationsenergie:	$\Sigma E_\delta = 3{,}11$ kJ

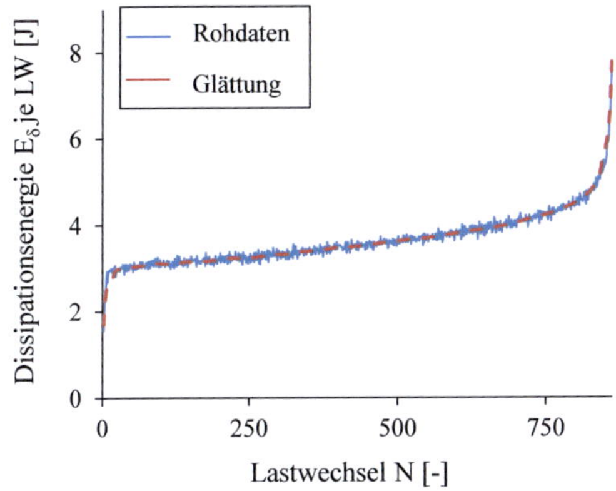

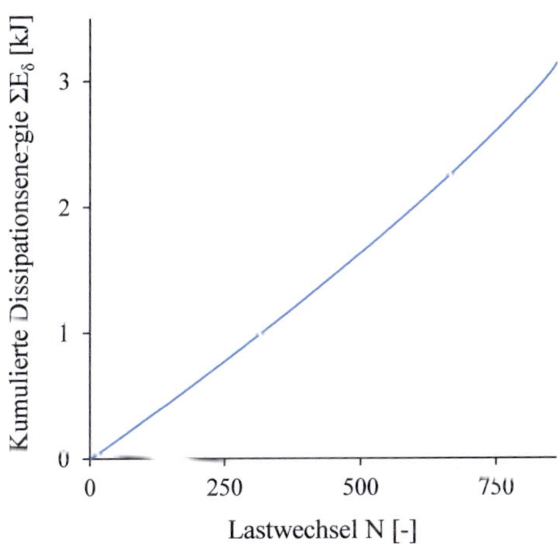

Bemerkung: keine

Probekörper:	ZA3.4
Probenalter:	146 Tage
Prüffrequenz:	$f_p = 8$ Hz
Bez. Oberspannung:	$S_O = 0{,}80$
Bez. Unterspannung:	$S_U = 0{,}05$
Bruchlastwechselzahl:	$N_f = 1.870$
Kum. Dissipationsenergie:	$\Sigma E_\delta = 7{,}52$ kJ

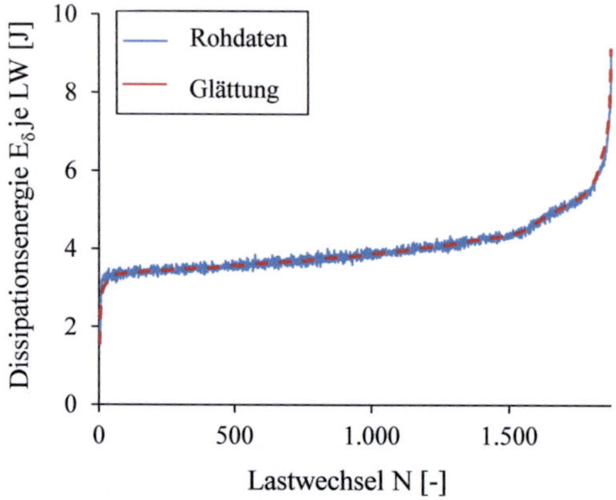

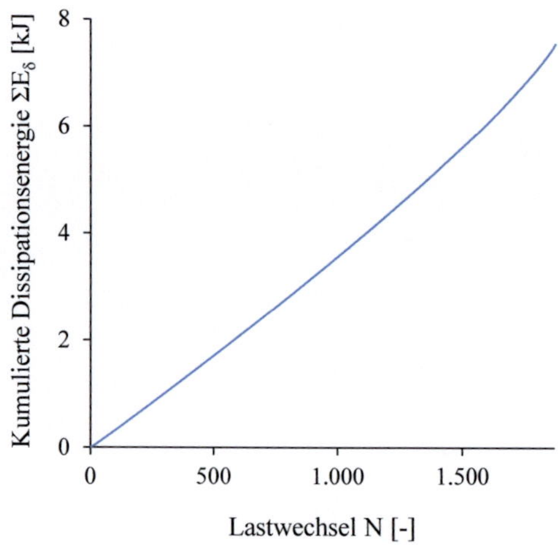

Bemerkung: keine

Probekörper:	ZA5.3
Probenalter:	146 Tage
Prüffrequenz:	f_p = 8 Hz
Bez. Oberspannung:	S_O = 0,80
Bez. Unterspannung:	S_U = 0,05
Bruchlastwechselzahl:	N_f = 5.490
Kum. Dissipationsenergie:	ΣE_δ = 16,04 kJ

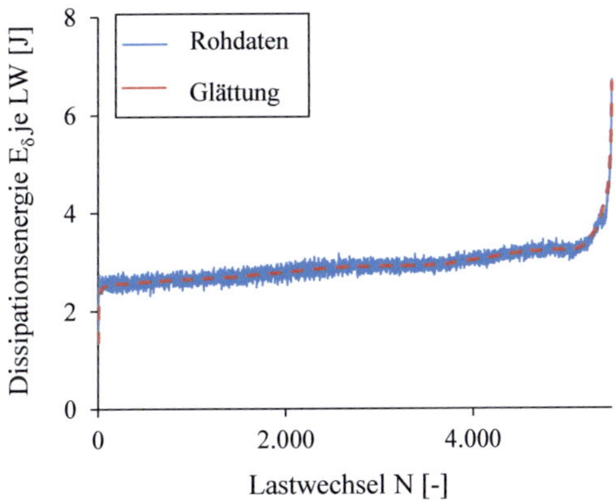

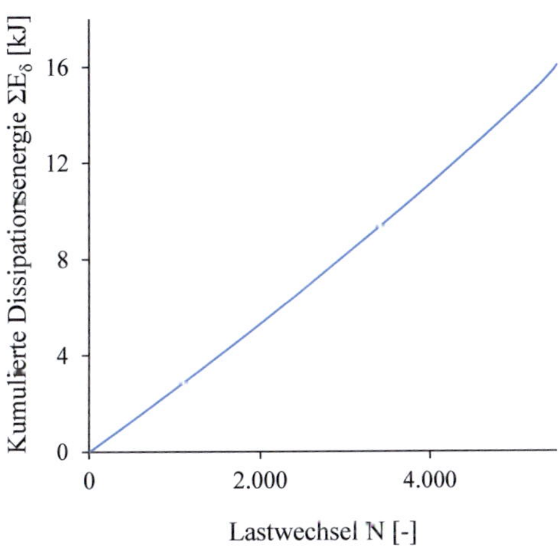

Bemerkung: keine

Probekörper:	ZA1.5
Probenalter:	146 Tage
Prüffrequenz:	$f_p = 8$ Hz
Bez. Oberspannung:	$S_O = 0{,}75$
Bez. Unterspannung:	$S_U = 0{,}05$
Bruchlastwechselzahl:	$N_f = 1.517$
Kum. Dissipationsenergie:	$\Sigma E_\delta = 5{,}54$ kJ

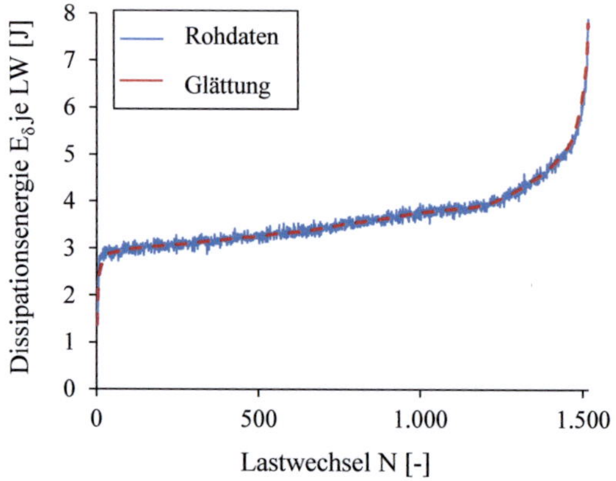

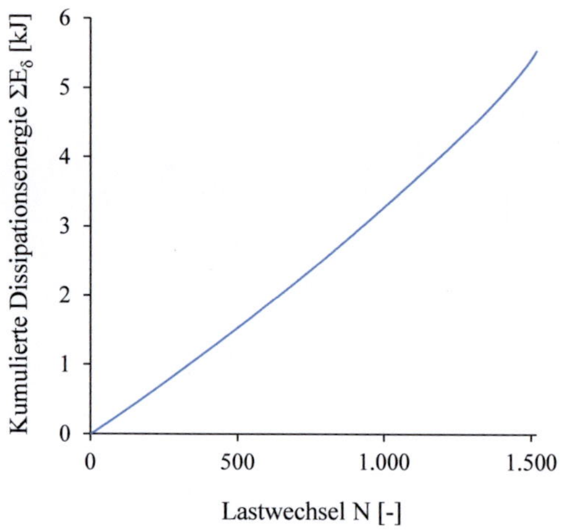

Bemerkung: keine

Probekörper:	ZA2.5
Probenalter:	146 Tage
Prüffrequenz:	$f_p = 8$ Hz
Bez. Oberspannung:	$S_O = 0{,}75$
Bez. Unterspannung:	$S_U = 0{,}05$
Bruchlastwechselzahl:	$N_f = 3.138$
Kum. Dissipationsenergie:	$\Sigma E_\delta = 8{,}93$ kJ

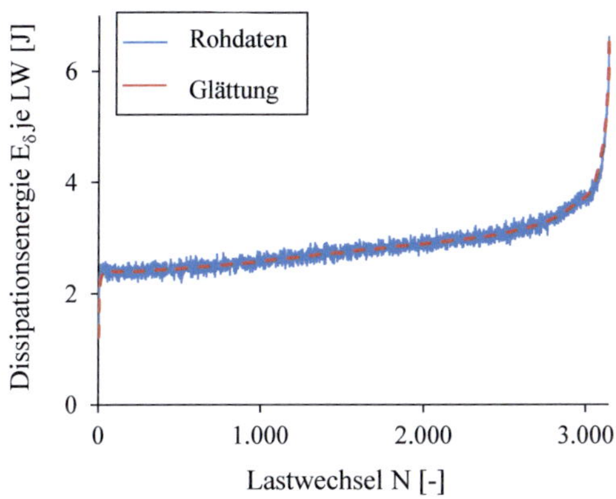

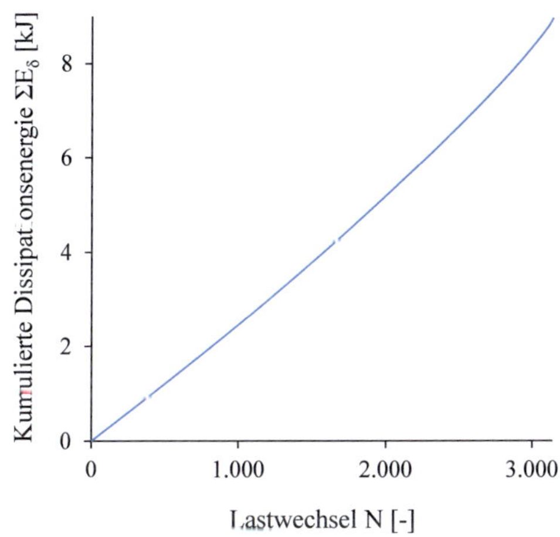

Bemerkung: keine

Probekörper:	ZA2.6
Probenalter:	146 Tage
Prüffrequenz:	$f_p = 8$ Hz
Bez. Oberspannung:	$S_O = 0{,}75$
Bez. Unterspannung:	$S_U = 0{,}05$
Bruchlastwechselzahl:	$N_f = 6.418$
Kum. Dissipationsenergie:	$\Sigma E_\delta = 19{,}07$ kJ

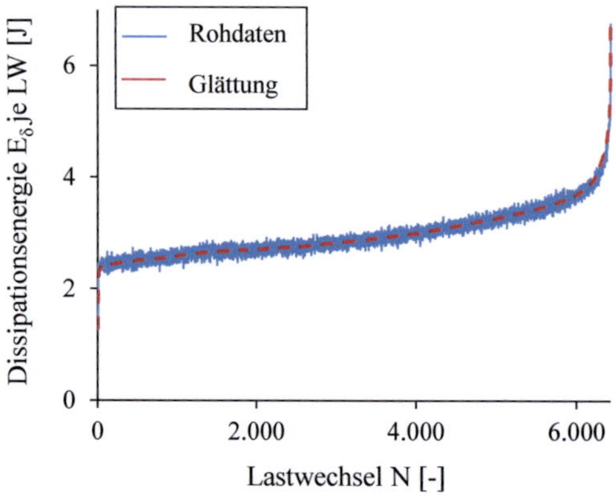

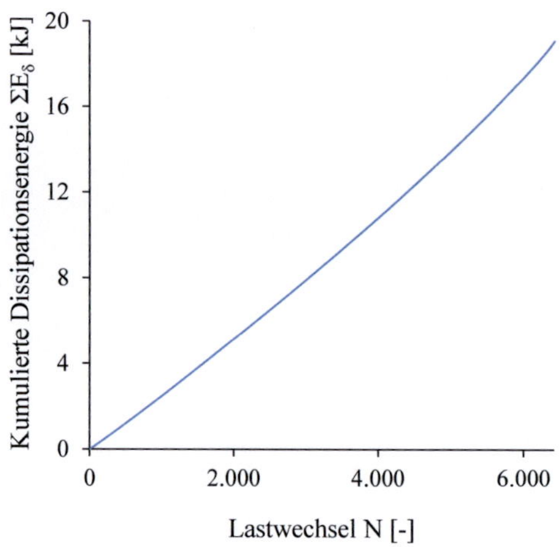

Bemerkung: keine

Probekörper:	ZA1.7
Probenalter:	147 Tage
Prüffrequenz:	$f_p = 8$ Hz
Bez. Oberspannung:	$S_O = 0{,}70$
Bez. Unterspannung:	$S_U = 0{,}05$
Bruchlastwechselzahl:	$N_f = 19.246$
Kum. Dissipationsenergie:	$\Sigma E_\delta = 39{,}66$ kJ

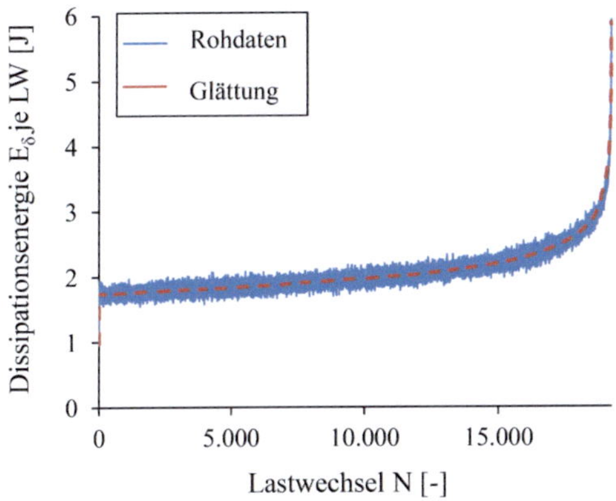

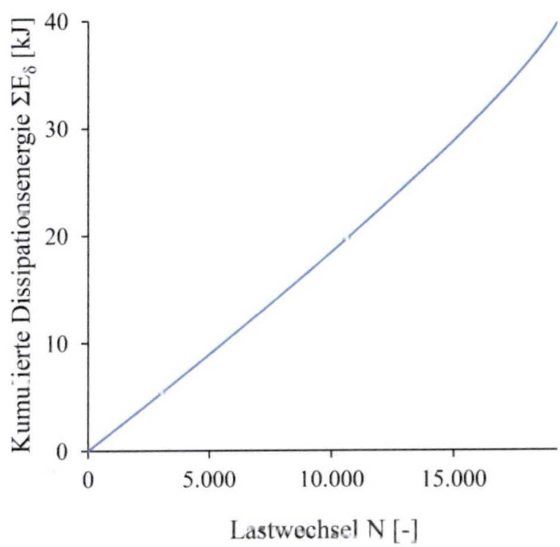

Bemerkung: keine

Probekörper:	ZA3.7
Probenalter:	148 Tage
Prüffrequenz:	$f_p = 8$ Hz
Bez. Oberspannung:	$S_O = 0{,}70$
Bez. Unterspannung:	$S_U = 0{,}05$
Bruchlastwechselzahl:	$N_f = 717$
Kum. Dissipationsenergie:	$\Sigma E_\delta = 2{,}40$ kJ

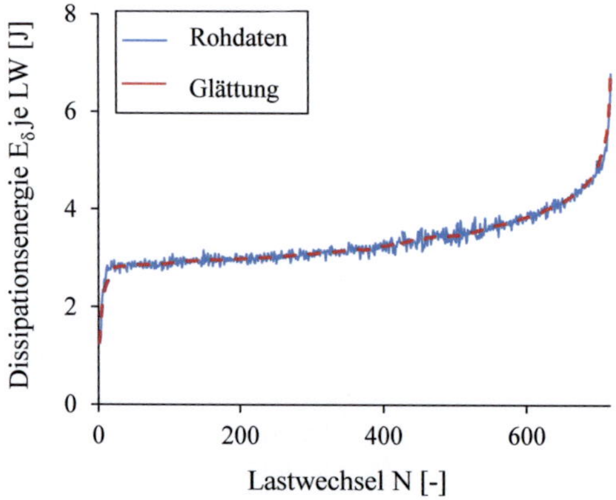

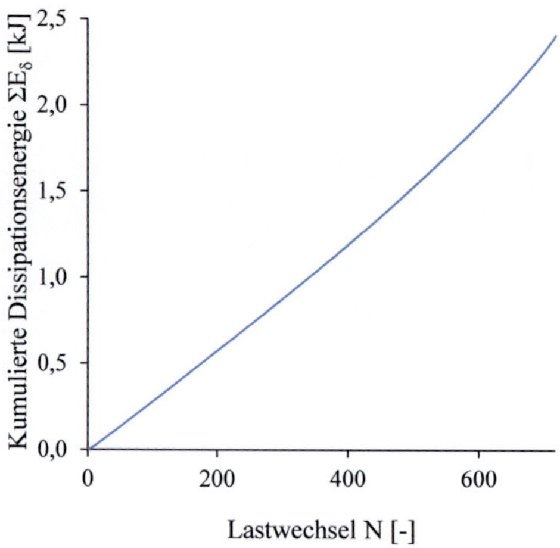

Bemerkung: keine

Probekörper:	ZA4.5
Probenalter:	147 Tage
Prüffrequenz:	$f_p = 8$ Hz
Bez. Oberspannung:	$S_O = 0{,}70$
Bez. Unterspannung:	$S_U = 0{,}05$
Bruchlastwechselzahl:	N = 206.640 DL
Kum. Dissipationsenergie:	$\Sigma E_\delta = 325{,}50$ kJ

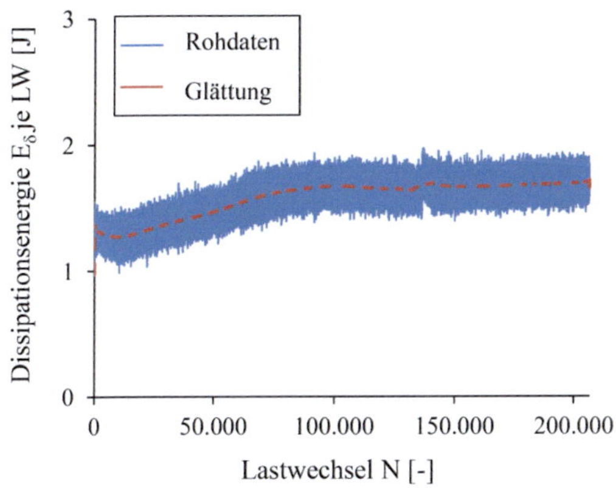

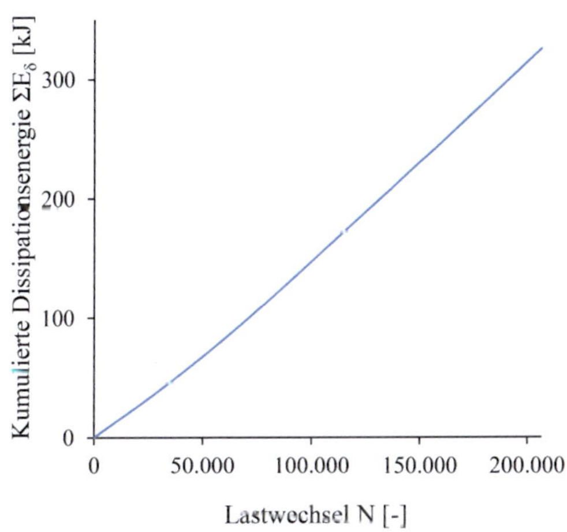

Bemerkung: Durchläufer, Versuch war nach N = 136.638 Lastwechseln kurzzeitig unterbrochen

Probekörper:	ZA2.10
Probenalter:	154 Tage
Prüffrequenz:	$f_p = 8$ Hz
Bez. Oberspannung:	$S_O = 0{,}65$
Bez. Unterspannung:	$S_U = 0{,}05$
Bruchlastwechselzahl:	$N_f = 136.138$
Kum. Dissipationsenergie:	$\Sigma E_\delta = 239{,}26$ kJ

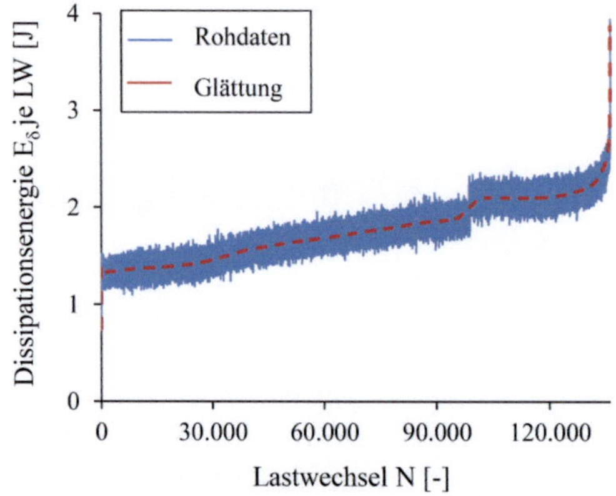

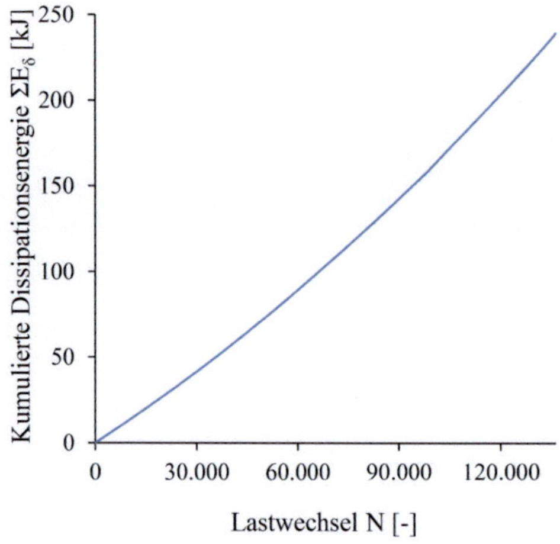

Bemerkung: Es lag keine Versuchsunterbrechung vor.

Probekörper:	ZA3.9
Probenalter:	155 Tage
Prüffrequenz:	$f_p = 8$ Hz
Bez. Oberspannung:	$S_O = 0{,}65$
Bez. Unterspannung:	$S_U = 0{,}05$
Bruchlastwechselzahl:	$N_f = 12.516$
Kum. Dissipationsenergie:	$\Sigma E_\delta = 31{,}20$ kJ

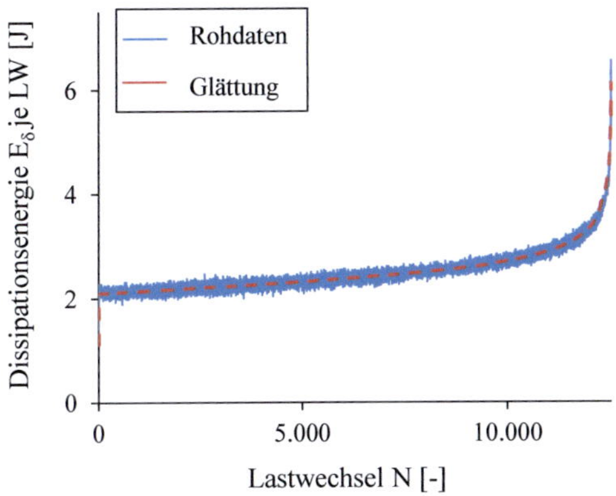

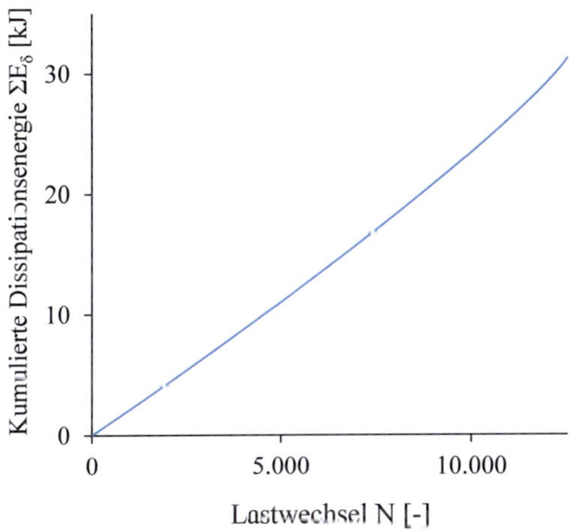

Bemerkung: keine

Probekörper: ZA1.10
Probenalter: 161 Tage
Prüffrequenz: $f_p = 8$ Hz
Bez. Oberspannung: $S_O = 0,65$
Bez. Unterspannung: $S_U = 0,05$
Bruchlastwechselzahl: N = 1.000.000 DL
Kum. Dissipationsenergie: $\Sigma E_\delta = 1.145,37$kJ

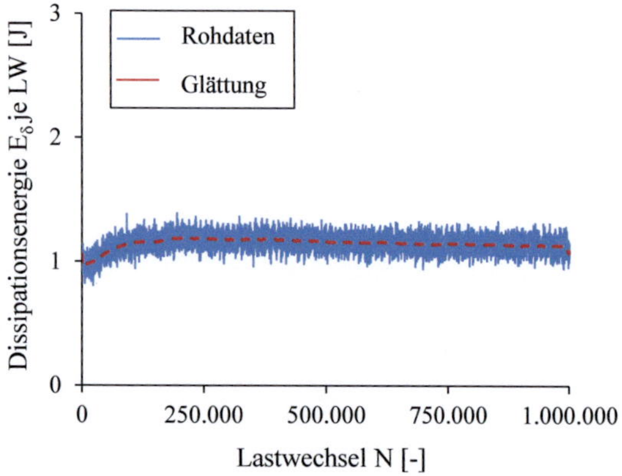

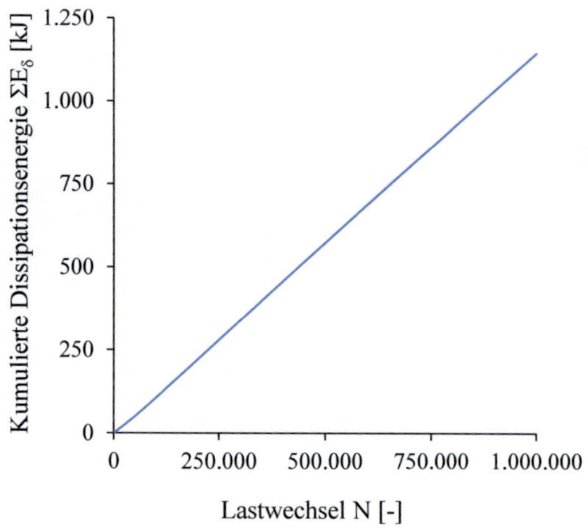

Bemerkung: Durchläufer

Probekörper:	ZA3.1
Probenalter:	188 Tage
Prüffrequenz:	$f_p = 8$ Hz
Bez. Oberspannung:	$S_O = 0{,}60$
Bez. Unterspannung:	$S_U = 0{,}05$
Bruchlastwechselzahl:	$N_f = 1.272.908$
Kum. Dissipationsenergie:	$\Sigma E_\delta = 1.580{,}46$ kJ

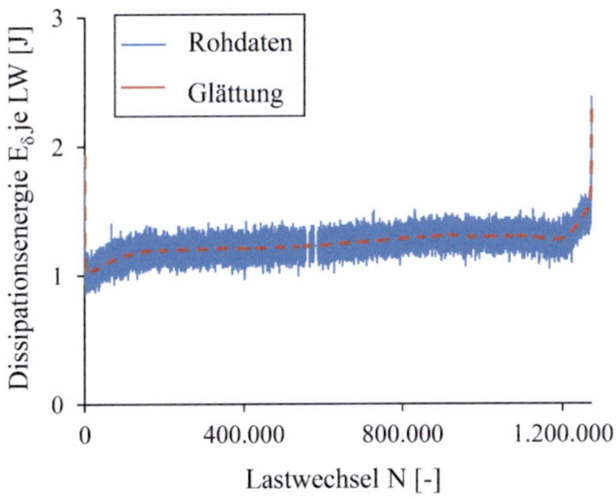

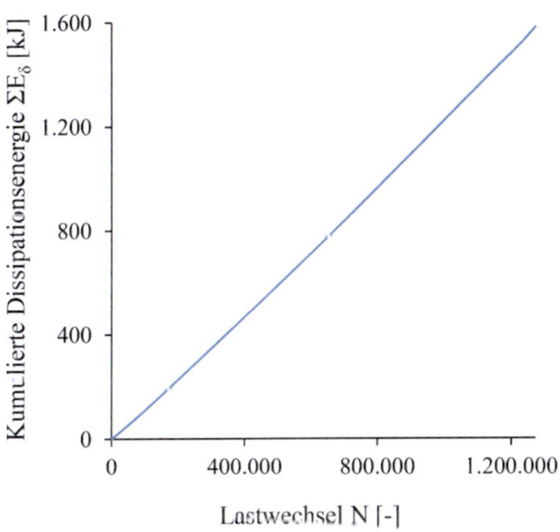

Bemerkung: Bei N ≈ 600.000 Lastwechseln gab es zwei kurzzeitige Messausfälle.

Probekörper: ZA2.11
Probenalter: 194 Tage
Prüffrequenz: $f_p = 8$ Hz
Bez. Oberspannung: $S_O = 0{,}60$
Bez. Unterspannung: $S_U = 0{,}05$
Bruchlastwechselzahl: $N_f = 182.710$
Kum. Dissipationsenergie: $\Sigma E_\delta = 267{,}45$ kJ

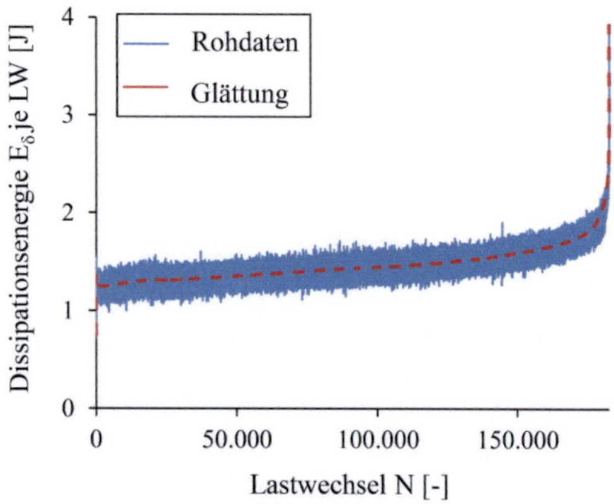

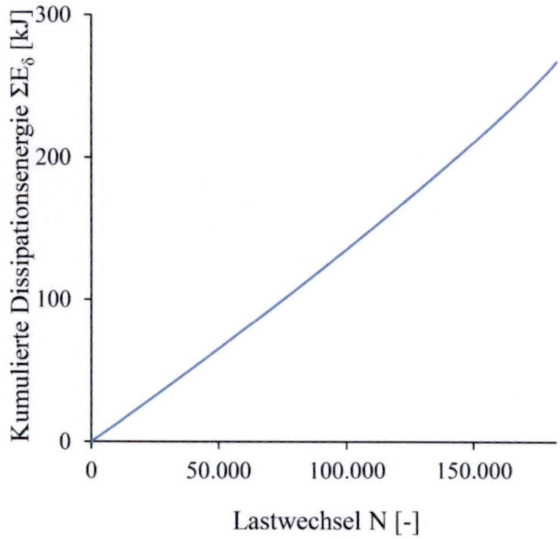

Bemerkung: keine

Probekörper:	ZA1.12
Probenalter:	218 Tage
Prüffrequenz:	$f_P = 8$ Hz
Bez. Oberspannung:	$S_O = 0{,}60$
Bez. Unterspannung:	$S_U = 0{,}05$
Bruchlastwechselzahl:	$N_f = 730.335$
Kum. Dissipationsenergie:	$\Sigma E_\delta = 981{,}61$ kJ

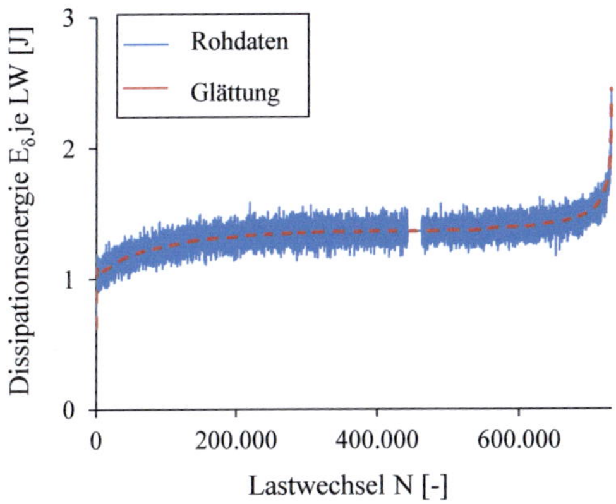

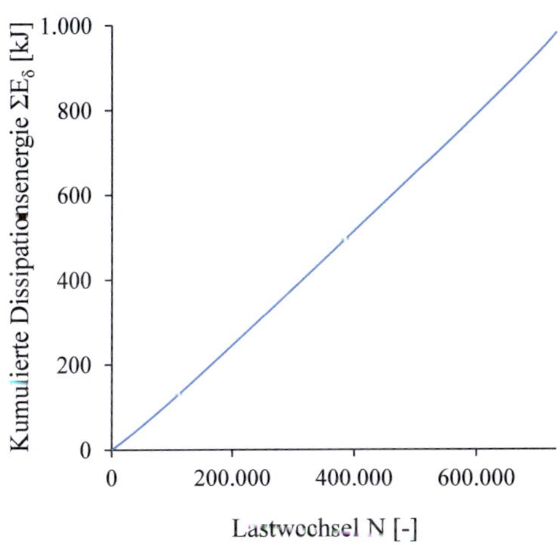

Bemerkung: Bei N ≈ 450.000 Lastwechseln gab es einen temporären Messausfall.

Probekörper:	ZA1.6
Probenalter:	146 Tage
Prüffrequenz:	$f_p = 2$ Hz
Bez. Oberspannung:	$S_O = 0{,}80$
Bez. Unterspannung:	$S_U = 0{,}05$
Bruchlastwechselzahl:	$N_f = 541$
Kum. Dissipationsenergie:	$\Sigma E_\delta = 2{,}60$ kJ

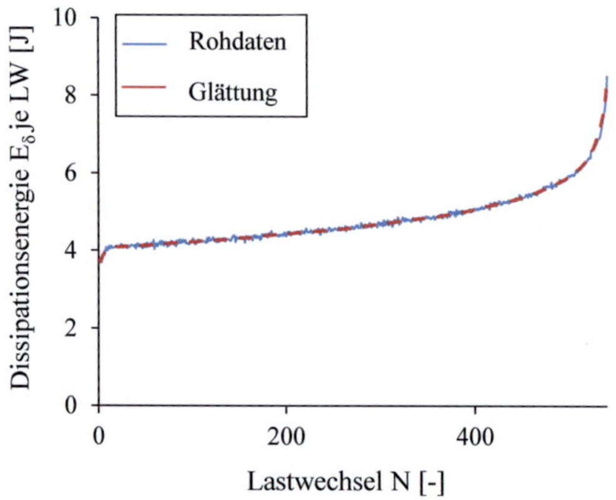

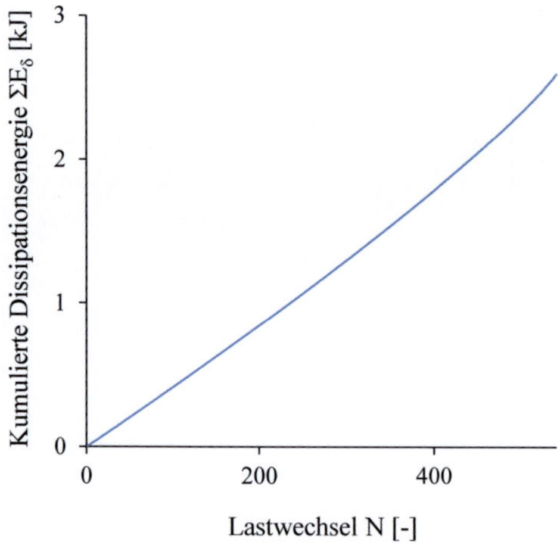

Bemerkung: keine

Probekörper:	ZA3.5
Probenalter:	146 Tage
Prüffrequenz:	$f_P = 2$ Hz
Bez. Oberspannung:	$S_O = 0{,}80$
Bez. Unterspannung:	$S_U = 0{,}05$
Bruchlastwechselzahl:	$N_f = 168$
Kum. Dissipationsenergie:	$\Sigma E_\delta = 0{,}96$ kJ

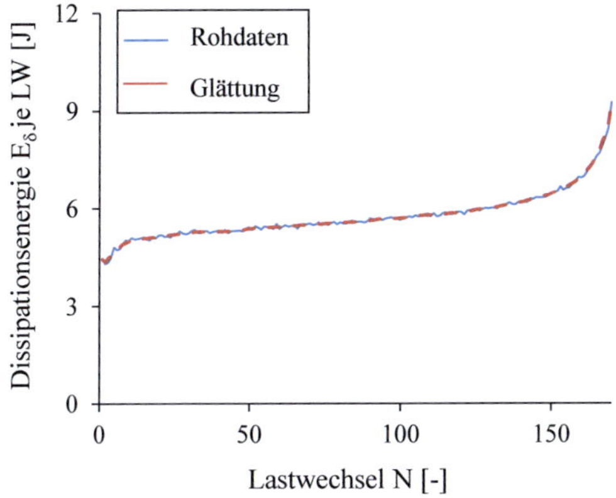

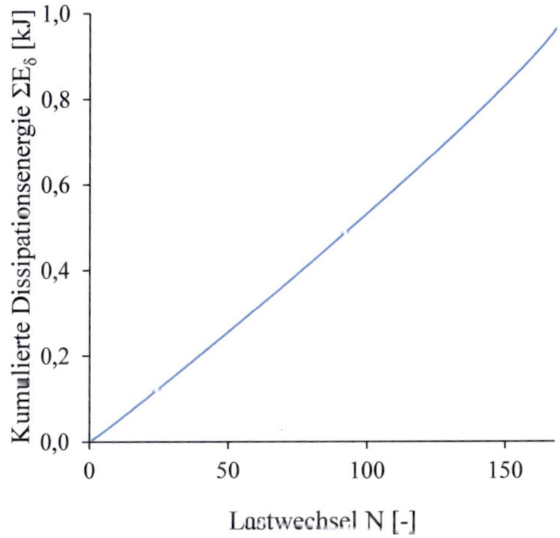

Bemerkung: keine

Probekörper: ZA5.4
Probenalter: 146 Tage
Prüffrequenz: $f_p = 2$ Hz
Bez. Oberspannung: $S_O = 0{,}80$
Bez. Unterspannung: $S_U = 0{,}05$
Bruchlastwechselzahl: $N_f = 67$
Kum. Dissipationsenergie: $\Sigma E_\delta = 0{,}35$ kJ

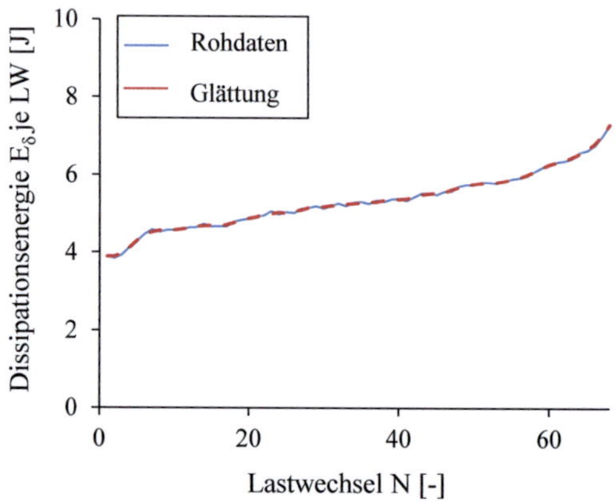

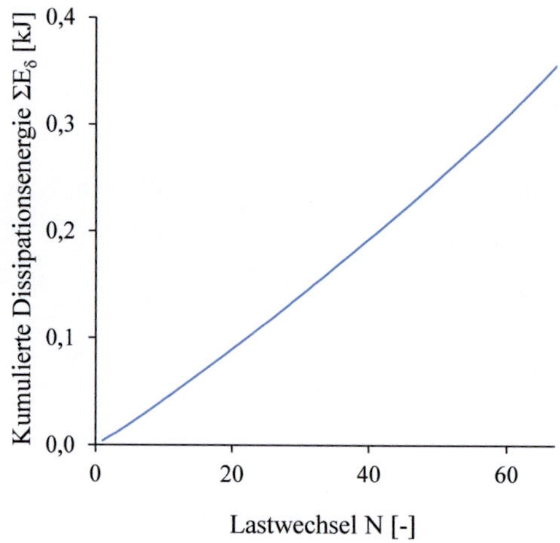

Bemerkung: keine

Probekörper:	ZA3.6
Probenalter:	146 Tage
Prüffrequenz:	$f_p = 2$ Hz
Bez. Oberspannung:	$S_O = 0{,}75$
Bez. Unterspannung:	$S_U = 0{,}05$
Bruchlastwechselzahl:	$N_f = 1.352$
Kum. Dissipationsenergie:	$\Sigma E_\delta = 5{,}57$ kJ

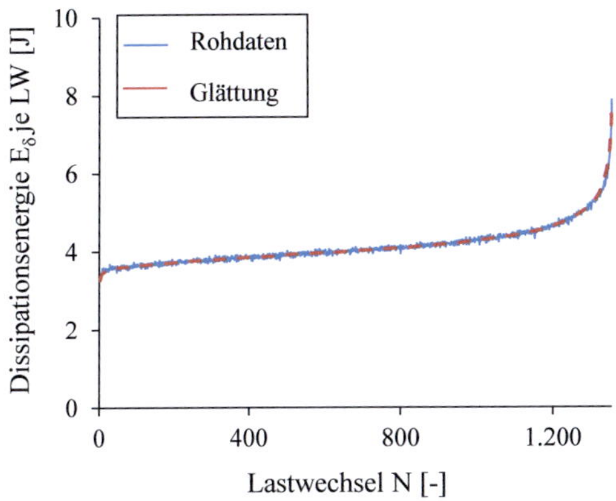

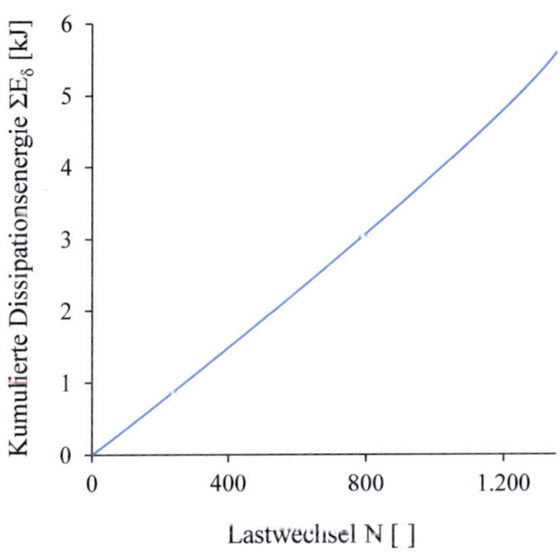

Bemerkung: keine

Probekörper: ZA4.4
Probenalter: 146 Tage
Prüffrequenz: $f_p = 2$ Hz
Bez. Oberspannung: $S_O = 0{,}75$
Bez. Unterspannung: $S_U = 0{,}05$
Bruchlastwechselzahl: N = 100.000 DL
Kum. Dissipationsenergie: $\Sigma E_\delta = 302{,}44$ kJ

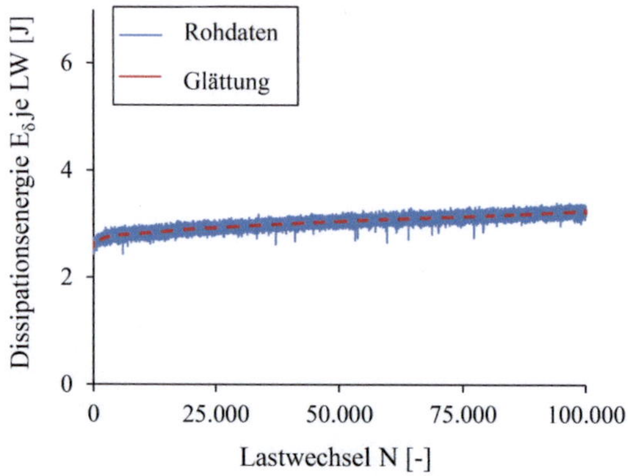

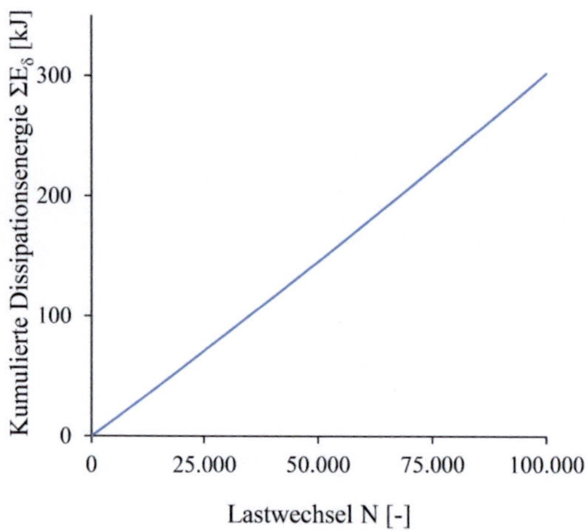

Bemerkung: Durchläufer

Probekörper:	ZA2.7
Probenalter:	147 Tage
Prüffrequenz:	$f_P = 2$ Hz
Bez. Oberspannung:	$S_O = 0{,}75$
Bez. Unterspannung:	$S_U = 0{,}05$
Bruchlastwechselzahl:	$N_f = 1.400$
Kum. Dissipationsenergie:	$\Sigma E_\delta = 6{,}06$ kJ

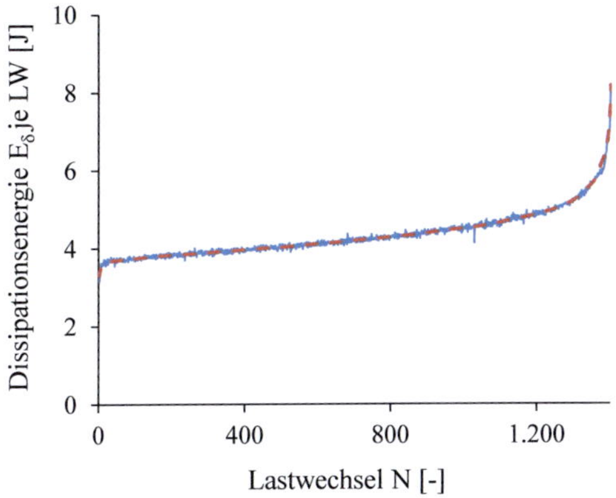

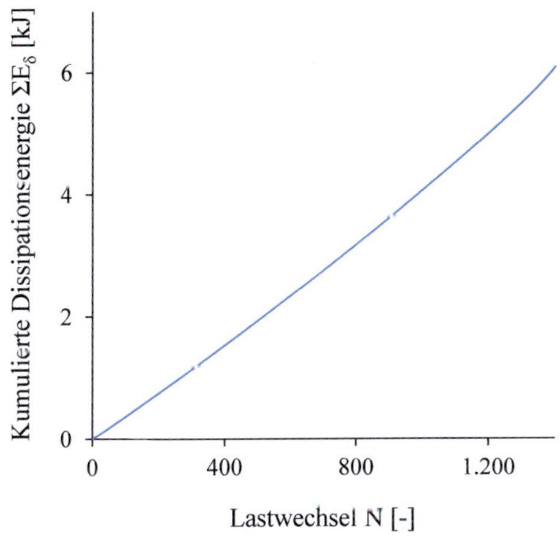

Bemerkung: keine

Probekörper:	ZA1.8
Probenalter:	148 Tage
Prüffrequenz:	$f_p = 2$ Hz
Bez. Oberspannung:	$S_O = 0{,}70$
Bez. Unterspannung:	$S_U = 0{,}05$
Bruchlastwechselzahl:	$N_f = 67.005$
Kum. Dissipationsenergie:	$\Sigma E_\delta = 211{,}14$ kJ

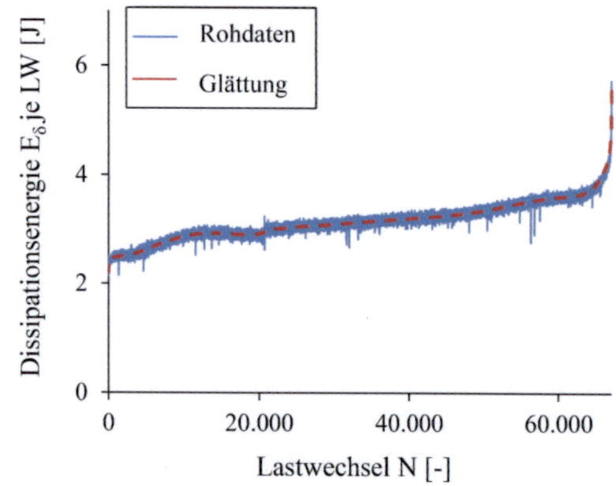

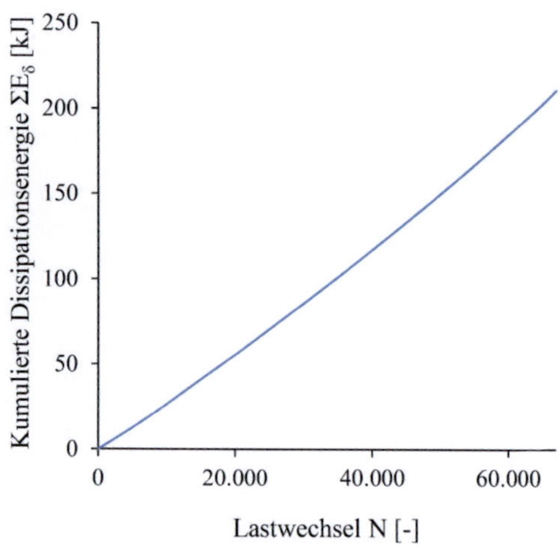

Bemerkung: keine

Probekörper:	ZA2.8
Probenalter:	153 Tage
Prüffrequenz:	$f_p = 2$ Hz
Bez. Oberspannung:	$S_O = 0{,}70$
Bez. Unterspannung:	$S_U = 0{,}05$
Bruchlastwechselzahl:	$N_f = 14.739$
Kum. Dissipationsenergie:	$\Sigma E_\delta = 57{,}39$ kJ

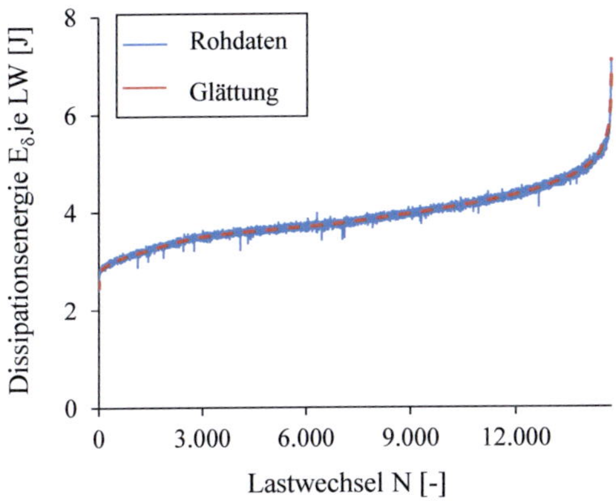

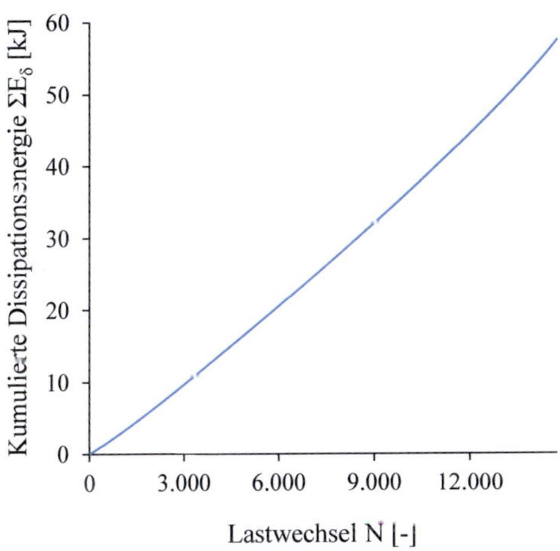

Bemerkung: keine

Probekörper: ZA2.9
Probenalter: 154 Tage
Prüffrequenz: $f_p = 2$ Hz
Bez. Oberspannung: $S_O = 0{,}70$
Bez. Unterspannung: $S_U = 0{,}05$
Bruchlastwechselzahl: $N_f = 7.193$
Kum. Dissipationsenergie: $\Sigma E_\delta = 24{,}00$ kJ

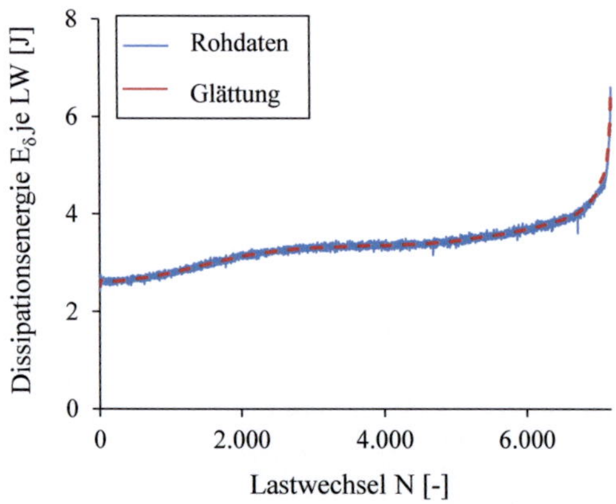

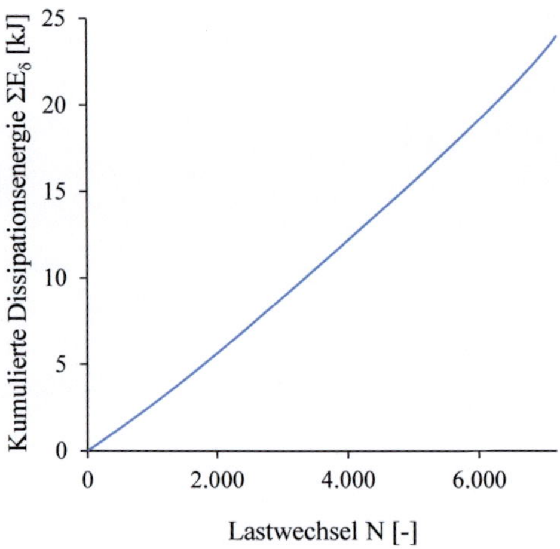

Bemerkung: keine

Probekörper:	ZA3.8
Probenalter:	155 Tage
Prüffrequenz:	$f_p = 2$ Hz
Bez. Oberspannung:	$S_O = 0{,}65$
Bez. Unterspannung:	$S_U = 0{,}05$
Bruchlastwechselzahl:	N = 1.000.000 DL
Kum. Dissipationsenergie:	$\Sigma E_\delta = 1.971{,}65$ kJ

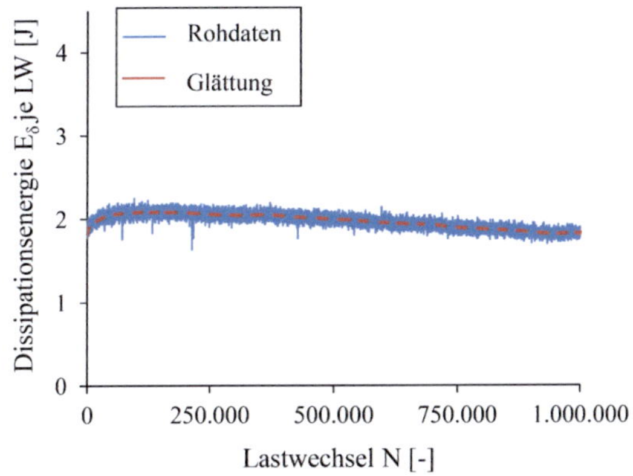

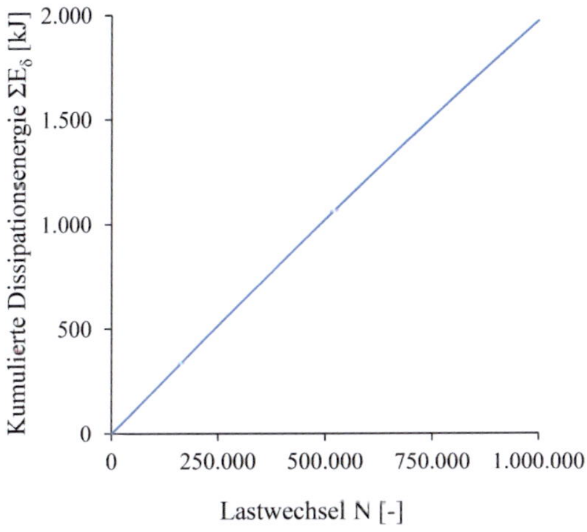

Bemerkung: Durchläufer

Probekörper:	ZA4.6
Probenalter:	175 Tage
Prüffrequenz:	$f_p = 2$ Hz
Bez. Oberspannung:	$S_O = 0{,}65$
Bez. Unterspannung:	$S_U = 0{,}05$
Bruchlastwechselzahl:	N = 1.000.000 DL
Kum. Dissipationsenergie:	$\Sigma E_\delta = 1.925{,}78$ kJ

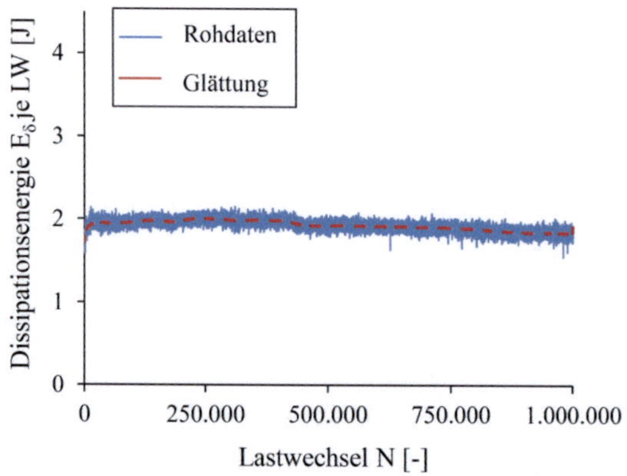

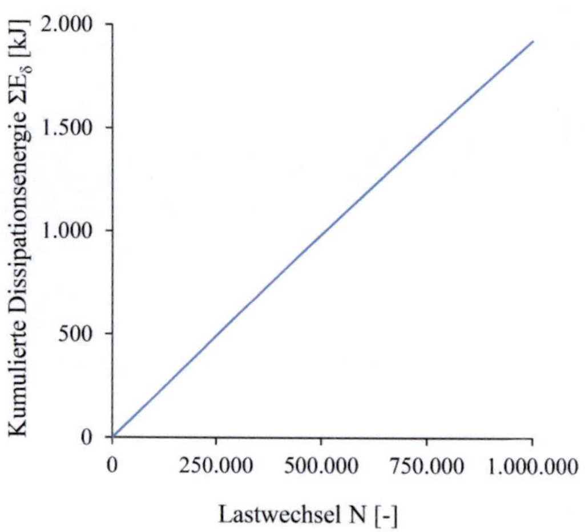

Bemerkung: Durchläufer

Probekörper:	ZA1.2
Probenalter:	183 Tage
Prüffrequenz:	$f_p = 2$ Hz
Bez. Oberspannung:	$S_O = 0,65$
Bez. Unterspannung:	$S_U = 0,05$
Bruchlastwechselzahl:	$N_f = 385.614$
Kum. Dissipationsenergie:	$\Sigma E_\delta = 815,03$ kJ

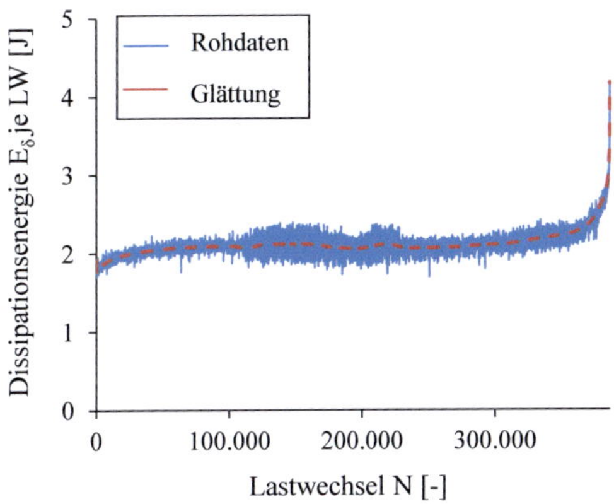

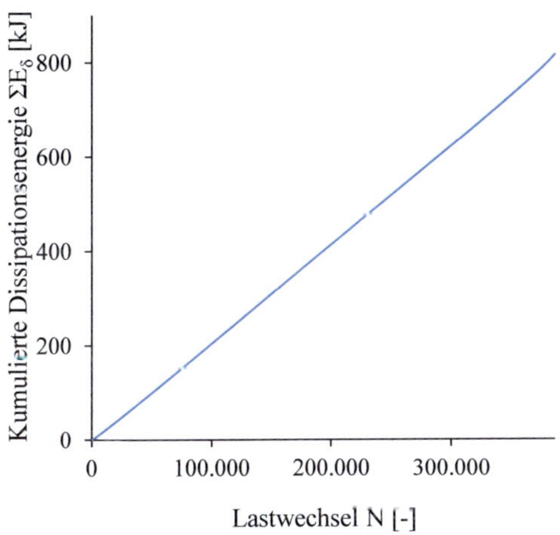

Bemerkung: keine

A.2 Weitere Versagenskurven

A.2.1 Versuchsserie ZB

Probenform:	Zylinder, h = 180 mm, d = 60 mm
Referenzdruckfestigkeit:	f_{ref} = 52,39 N/mm²
Prüffrequenz:	f_p = 8 Hz
Bez. Unterspannung:	S_U = 0,05

Probenalter: 488 Tage – 600 Tage

PK	S_O [-]	N_f [-]	ΣE_δ [kJ]
ZB5.6	0,80	1.087	0,28
ZB5.3	0,75	9.250	0,74
ZB4.3	0,75	7.373	1,23
ZB5.2	0,75	6.600	0,67
ZB2.4	0,75	15.901	1,73
ZB3.3	0,725	2.734	0,40
ZB3.6	0,725	47.696	5,55
ZB4.6	0,725	1.379.443	66,41

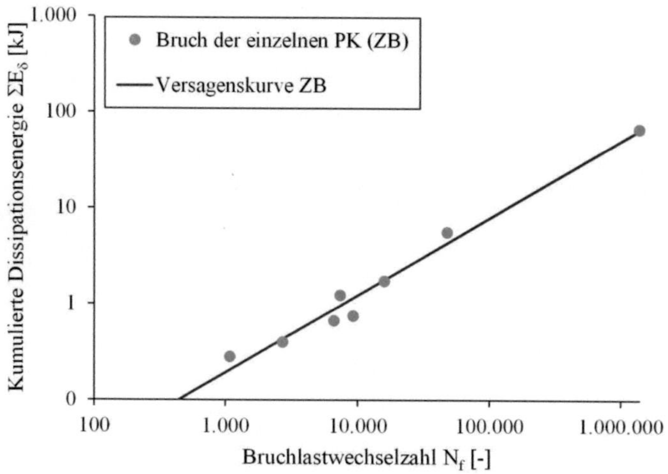

Funktion der Versagenskurve: $\Sigma E_{\delta,Vers,ZB}(N_f) = 0{,}0007\ kJ \cdot N_f^{0{,}805}$

A.2.2 Versuchsserie C60 – 10 Hz-I

Probenform: Zylinder, h = 280 mm, d = 100 mm
Referenzdruckfestigkeit: f_{ref} = 70,23 N/mm²
Prüffrequenz: f_p = 10 Hz
Bez. Unterspannung: S_U = 0,05

Probenalter: 55 Tage – 61 Tage

PK	S_O [-]	N_f [-]	ΣE_δ [kJ]
PK10	0,80	793	5,97
PK002	0,80	3.912	26,07
PK001	0,80	4.803	32,28
PK007	0,70	27.216	122,30
PK004	0,70	28.807	114,78
PK14	0,70	41.748	181,64
PK24	0,60	94.223	311,29
PK23	0,60	105.574	363,48
PK016	0,60	146.527	463,03

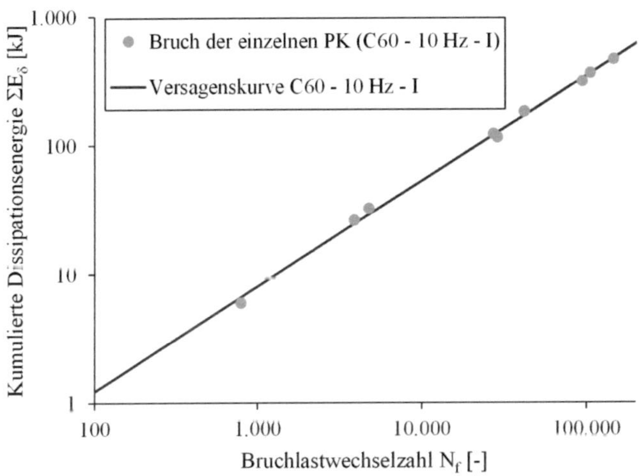

Funktion der Versagenskurve: $\Sigma E_{\delta,Vers,C60-10Hz-I}(N_f) = 0{,}0285\ kJ \cdot N_f^{0{,}817}$

A.2.3 Versuchsserie C60 – 10 Hz-II

Probenform: Zylinder, h = 280 mm, d = 100 mm
Referenzdruckfestigkeit: f_{ref} = 70,98 N/mm²
Prüffrequenz: f_p = 10 Hz
Bez. Unterspannung: S_U = 0,05

Probenalter: 133 Tage – 149 Tage

PK	S_O [-]	N_f [-]	ΣE_δ [kJ]
PK026	0,80	430	2,18
PK025	0,80	772	3,73
PK22	0,70	38.237	149,48
PK046	0,70	41.913	100,73
PK040	0,70	42.492	151,88
PK039	0,70	44.010	96,39
PK26	0,70	47.677	142,39
PK11	0,60	206.069	549,29
PK13	0,60	262.878	524,55
PK043	0,60	288.330	766,85
PK047	0,60	636.601	997,28
PK041	0,60	2.085.776	2.111,40

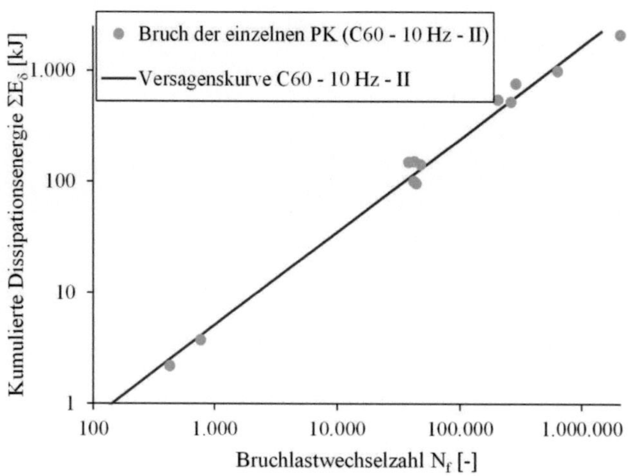

Funktion der Versagenskurve: $\Sigma E_{\delta,Vers,C60-10Hz-II}(N_f) = 0{,}0157\ kJ \cdot N_f^{0{,}837}$

A.2.4 Versuchsserie C60 – 1 Hz

Probenform: Zylinder, h = 280 mm, d = 100 mm
Referenzdruckfestigkeit: f_{ref} = 70,23 N/mm²
Prüffrequenz: f_p = 1 Hz
Bez. Unterspannung: S_U = 0,05

Probenalter: 58 Tage – 71 Tage

PK	S_O [-]	N_f [-]	ΣE_δ [kJ]
PK14	0,80	1.186	10,75
PK009	0,80	2.477	22,25
PK012	0,80	2.496	21,69
PK006	0,70	85.202	449,01
PK16	0,70	91.677	546,85
PK18	0,70	117.339	652,74

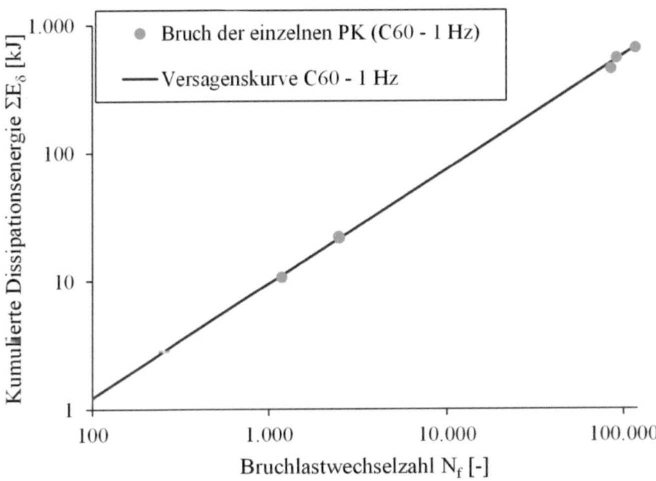

Funktion der Versagenskurve: $\Sigma E_{\delta,Vers,C60-1Hz}(N_f) = 0{,}0202\ kJ \cdot N_f^{0{,}892}$

A.2.5 Versuchsserie C80 – 5 Hz – S_U = 0,05

Probenform: Zylinder, h = 300 mm, d = 100 mm
Referenzdruckfestigkeit: f_{ref} = 108,60 N/mm²
Prüffrequenz: f_p = 5 Hz
Bez. Unterspannung: S_U = 0,05

Probenalter: 80 Tage – 115 Tage

PK	S_O [-]	N_f [-]	ΣE_δ [kJ]
PK31	0,90	321	3,75
PK32	0,90	509	6,13
PK33	0,90	569	6,60
PK36	0,80	6.089	44,27
PK35	0,80	9.119	68,68
PK34	0,80	12.377	97,27
PK1	0,70	32.237	184,72
PK5	0,70	40.573	234,42
PK4	0,70	47.633	286,88

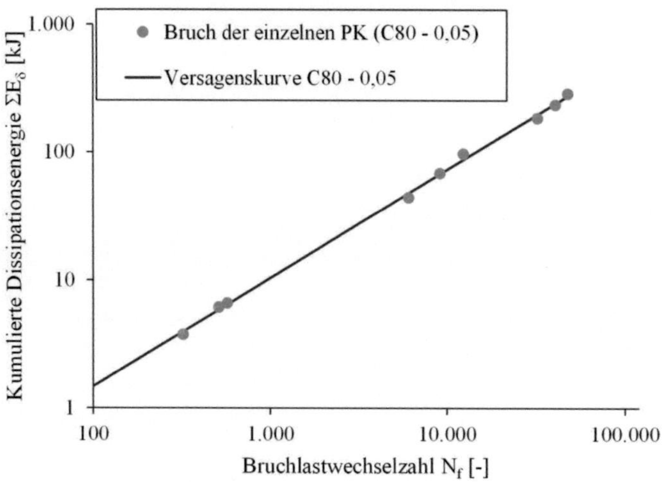

Funktion der Versagenskurve: $\Sigma E_{\delta,Vers,C80-0,05}(N_f) = 0{,}0297\ kJ \cdot N_f^{0{,}848}$

A.2.6 Versuchsserie C80 – 5 Hz – S_U = 0,20

Probenform: Zylinder, h = 300 mm, d = 100 mm
Referenzdruckfestigkeit: f_{ref} = 108,60 N/mm²
Prüffrequenz: f_p = 5 Hz
Bez. Unterspannung: S_U = 0,20

Probenalter: 83 Tage – 114 Tage

PK	S_O [-]	N_f [-]	ΣE_δ [kJ]
PK38	0,90	169	0,95
PK39	0,90	519	2,92
PK37	0,90	1.463	8,34
PK30	0,80	10.266	35,79
PK49	0,80	20.831	69,12
PK50	0,80	22.527	76,79

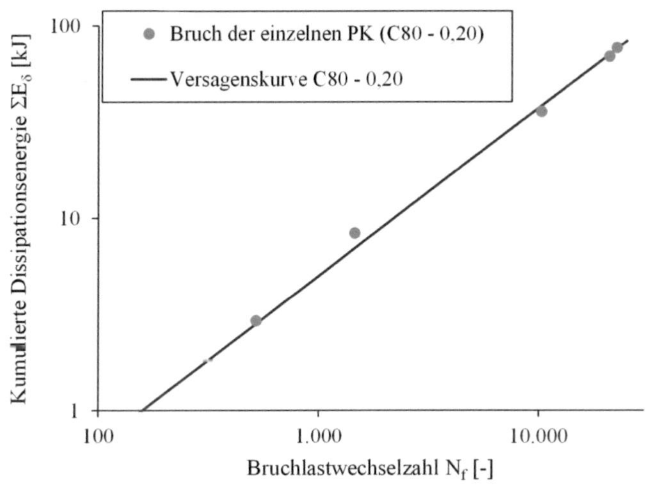

Funktion der Versagenskurve: $\Sigma E_{\delta,Vers,C80-0,20}(N_f) = 0{,}0119\ kJ \cdot N_f^{0,874}$

A.2.7 Versuchsserie C80 – 5 Hz – S_U = 0,40

Probenform: Zylinder, h = 300 mm, d = 100 mm
Referenzdruckfestigkeit: f_{ref} = 108,60 N/mm²
Prüffrequenz: f_p = 5 Hz
Bez. Unterspannung: S_U = 0,40

Probenalter: 113 Tage – 142 Tage

PK	S_O [-]	N_f [-]	ΣE_δ [kJ]
PK47	0,90	344	0,68
PK46	0,90	431	0,83
PK45	0,90	2.358	3,78
PK10	0,80	2.398.368	1.174,37

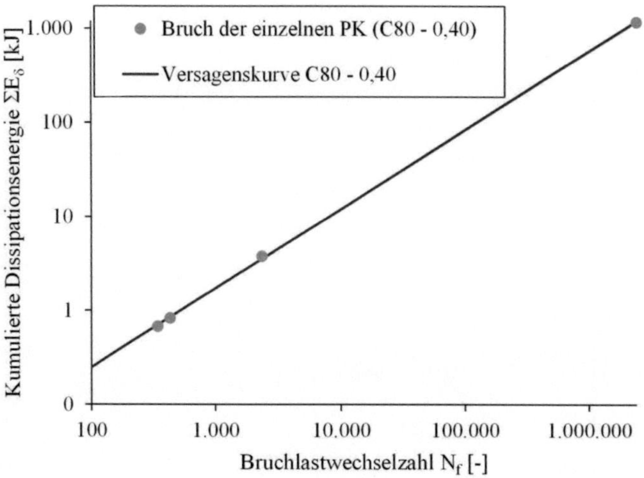

Funktion der Versagenskurve: $\Sigma E_{\delta,Vers,C80-0,40}(N_f) = 0{,}0052\ kJ \cdot N_f^{0,841}$

A.2.8 Versuchsserie C100 – 5 Hz – S_U = 0,05

Probenform: Zylinder, h = 300 mm, d = 100 mm
Referenzdruckfestigkeit: f_{ref} = 133,28 N/mm^2
Prüffrequenz: f_p = 5 Hz
Bez. Unterspannung: S_U = 0,05

Probenalter: 218 Tage – 237 Tage

PK	S_O [-]	N_f [-]	ΣE_δ [kJ]
PK59	0,90	290	4,67
PK56	0,90	365	5,99
PK55	0,90	424	6,46
PK58	0,90	426	6,57
PK54	0,90	458	6,25
PK57	0,90	533	8,10
PK31	0,80	3.184	34,75
PK30	0,80	3.624	36,11
PK29	0,80	4.160	42,86
PK28	0,80	4.675	47,89
PK36	0,80	4.690	46,03
PK27	0,80	5.450	52,33
PK74	0,70	17.814	120,27
PK77	0,70	18.640	121,69
PK78	0,70	19.503	130,33
PK76	0,70	21.200	138,10
PK75	0,70	22.688	134,35
PK73	0,70	23.408	142,13
PK34	0,60	124,710	385,49
PK35	0,60	158.600	461,64
PK33	0,60	346.895	1.590,83

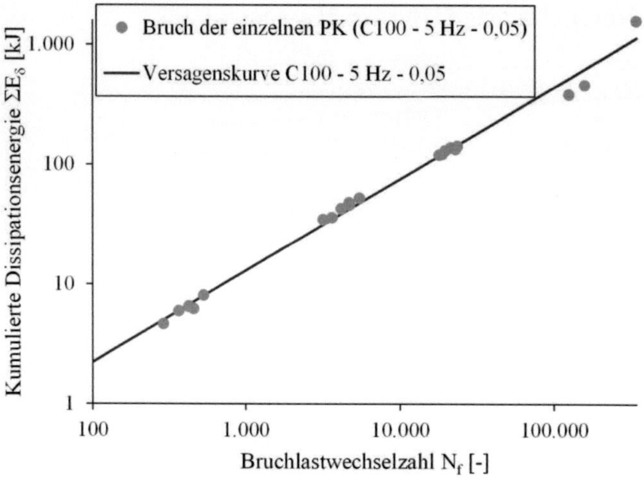

Funktion d. Versagenskurve: $\Sigma E_{\delta,Vers,C100-5\,Hz-0,05}(N_f) = 0{,}0658\ kJ \cdot N_f^{0{,}765}$

A.2.9 Versuchsserie C100 – 5 Hz – S_U = 0,20

Probenform: Zylinder, h = 300 mm, d = 100 mm
Referenzdruckfestigkeit: f_{ref} = 133,28 N/mm²
Prüffrequenz: f_p = 5 Hz
Bez. Unterspannung: S_U = 0,20

Probenalter: 223 Tage – 231 Tage

PK	S_O [-]	N_f [-]	ΣE_δ [kJ]
PK37	0,90	614	4,39
PK39	0,90	663	4,64
PK38	0,90	809	5,51
PK52	0,80	8.045	28,70
PK48	0,80	10.052	38,99
PK53	0,80	12.504	47,95
PK47	0,80	12.804	51,02
PK50	0,80	13.914	52,25
PK51	0,80	19.192	72,59
PK69	0,70	241.287	395,68
PK71	0,70	289.723	447,73

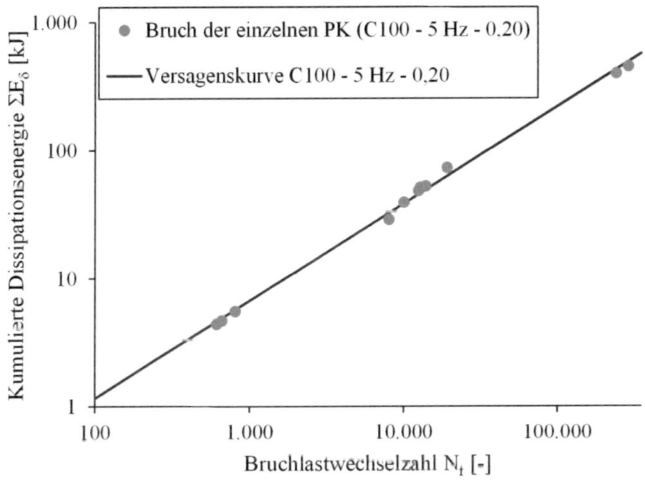

Funktion d. Versagenskurve: $\Sigma E_{\delta,Vers,C100-5\,Hz-0,20}(N_f) = 0{,}0355\;kJ \cdot N_f^{0{,}758}$

A.2.10 Versuchsserie C100 – 5 Hz – S_U = 0,40

Probenform: Zylinder, h = 300 mm, d = 100 mm
Referenzdruckfestigkeit: f_{ref} = 133,28 N/mm²
Prüffrequenz: f_p = 5 Hz
Bez. Unterspannung: S_U = 0,40

Probenalter: 224 Tage – 230 Tage

PK	S_O [-]	N_f [-]	ΣE_δ [kJ]
PK44	0,90	2.783	5,49
PK46	0,90	2.785	5,04
PK43	0,90	4.911	8,04
PK64	0,80	52.244	45,18
PK65	0,80	67.873	58,87
PK63	0,80	127.035	75,64

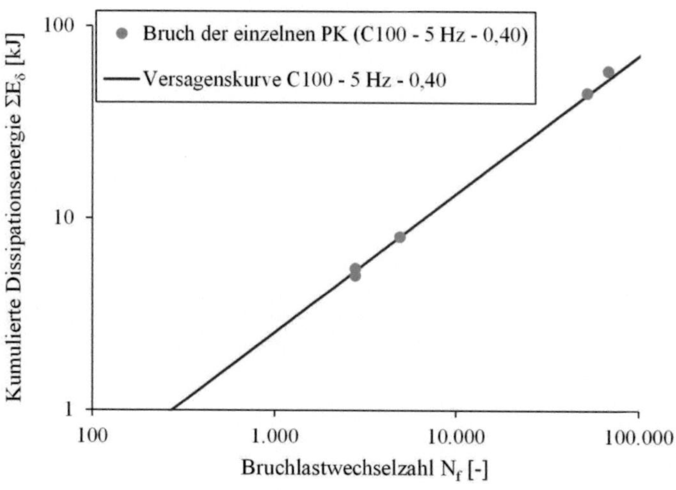

Funktion d. Versagenskurve: $\Sigma E_{\delta,Vers,C100-5\,Hz-0{,}40}(N_f) = 0{,}0175\;kJ \cdot N_f^{0{,}721}$

A.2.11 Versuchsserie C100 – 10 Hz – S_U = 0,05

Probenform: Zylinder, h = 300 mm, d = 100 mm
Referenzdruckfestigkeit: f_{ref} = 133,28 N/mm²
Prüffrequenz: f_p = 10 Hz
Bez. Unterspannung: S_U = 0,05

Probenalter: 102 Tage – 104 Tage

PK	S_O [-]	N_f [-]	ΣE_δ [kJ]
PK6	0,80	3.834	36,82
PK5	0,80	5.421	51,37
PK4	0,80	5.770	52,01
PK7	0,70	20.260	106,35
PK8	0,70	26.670	142,48
PK9	0,70	29.455	146,95

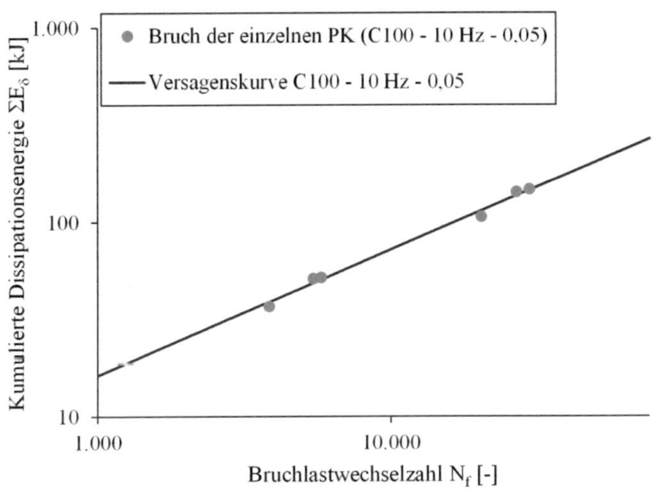

Funktion d. Versagenskurve: $\Sigma E_{\delta,Vers,C100-10\,Hz-0,05}(N_f) = 0{,}184\,kJ \cdot N_f^{0,649}$

A.2.12 Versuchsserie C100 – 1 Hz – S_U = 0,05

Probenform: Zylinder, h = 300 mm, d = 100 mm
Referenzdruckfestigkeit: f_{ref} = 133,28 N/mm²
Prüffrequenz: f_p = 1 Hz
Bez. Unterspannung: S_U = 0,05

Probenalter: 226 Tage – 229 Tage

PK	S_O [-]	N_f [-]	ΣE_δ [kJ]
PK62	0,80	2.690	37,25
PK61	0,80	2.795	38,77
PK60	0,80	4.037	53,88
PK42	0,70	40.495	390,40

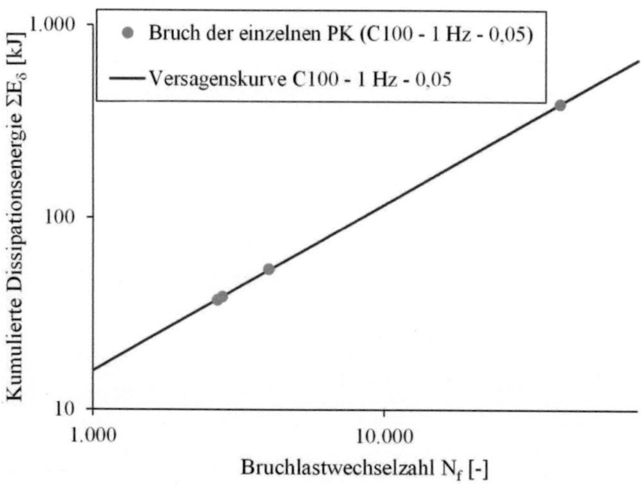

Funktion d. Versagenskurve: $\Sigma E_{\delta,Vers,C100-1\,Hz-0,05}(N_f) = 0{,}0408\,kJ \cdot N_f^{0,864}$